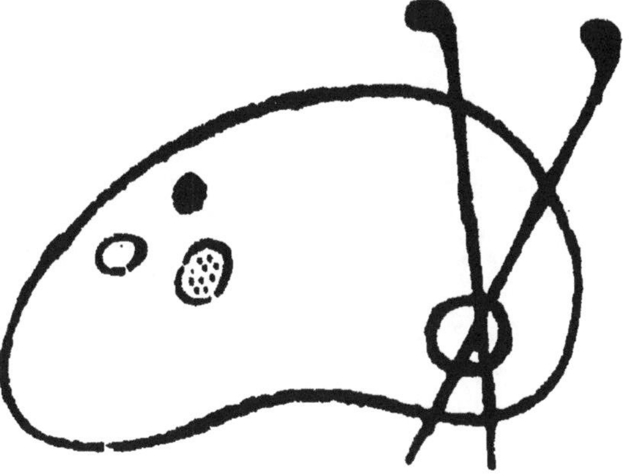

Début d'une série de documents
en couleur

8° Y² 17469.
Mes Souvenirs
par
Bertalisse

BIBLIOTHÈQUE
DES
ÉCOLES ET DES FAMILLES
HACHETTE & Cie

PRIX: 0.70

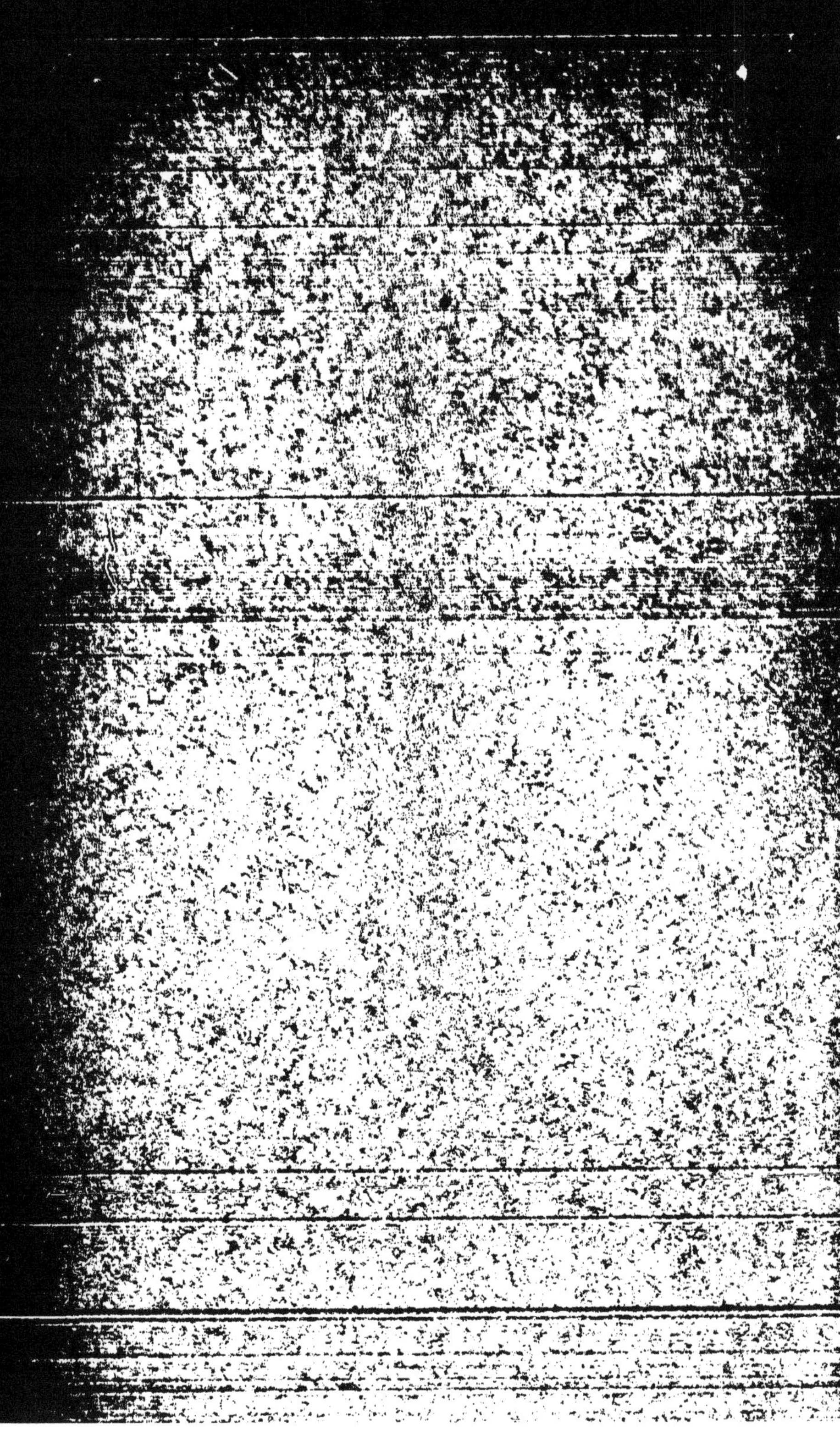

Fin d'une série de documents
en couleur

MES SOUVENIRS

COULOMMIERS
Imprimerie PAUL BRODARD.

BIBLIOTHÈQUE DES ÉCOLES ET DES FAMILLES

A. BERTALISSE

MES SOUVENIRS

OUVRAGE ILLUSTRÉ DE 11 GRAVURES

QUATRIÈME ÉDITION

PARIS
LIBRAIRIE HACHETTE ET Cie
79, BOULEVARD SAINT-GERMAIN, 79

1895

A

MADAME ALBERT-LÉVY

A. BERTALISSE.

MES SOUVENIRS

MA PETITE FÉE

Sans doute, je n'étais pas un garçon méchant, mais j'avais un assez grand nombre de défauts qui faisaient le désespoir de mes excellents parents. Ma conscience n'était pas tranquille et j'essayais de la calmer par toutes sortes de mauvaises raisons.

Avais-je fait durant la semaine l'école buissonnière, ce qui est très mal, je l'avoue, vite on me citait Thomas Lysen, le fils du forgeron, qui se pavanait avec la croix attachée sur sa poitrine, en récompense de son assiduité à l'école. Moi qui savais que Thomas est un garçon sournois, copiant sans honte ses devoirs sur ceux de ses camarades, j'enrageais de me le voir donné comme modèle, tout simplement parce qu'il se levait de bon matin.

Avais-je négligé mes leçons, ce qui est encore très mal, je le reconnais, j'étais bien sûr que de retour à la maison et après avoir jeté les yeux sur mon cahier de correspondance, mon père dirait en hochant la tête : « Ce n'est pas Victor, le petit du tisserand, qui aurait un zéro pour ses leçons! il est toujours le premier en récitation et cependant son père n'est pas plus riche que nous! » Moi qui savais que Victor trompait effrontément le père Taupier, notre maître, en inscrivant sur son ongle ou dans la paume de sa main les premiers mots de chaque phrase de sa leçon, j'enrageais de ne pouvoir l'accuser de supercherie et de paraître coupable parce que je ne voulais pas l'imiter.

Je sais bien qu'il y aurait eu un moyen de tout concilier : si j'avais été aussi exact en classe que Thomas Lysen et si j'avais consenti à bien étudier mes leçons, de façon à réciter honnêtement aussi bien que l'hypocrite Victor, j'aurais eu la croix comme l'un et la première place en récitation comme l'autre. Oui, mais c'était beaucoup me demander. Je sentais en moi des instincts d'indépendance, de liberté, qui combattaient mes meilleures résolutions. Quelle insupportable contrainte que celle d'arriver à l'heure exacte à l'école! Quelle mesquine gloire que celle d'obtenir le prix de récitation, la récompense des bûcheurs!

C'est ainsi que dans ma petite tête de treize ans je jugeais les choses.

Les reproches mérités de ma famille n'avaient d'autre résultat que de me faire prendre en grippe tous ceux de mes camarades que l'on me donnait comme modèles. En dehors de l'école, plusieurs enfants avaient encore le fâcheux privilège de provoquer mes colères.

Il n'est pas jusqu'à la petite Rosette dont je ne pouvais souffrir la présence. Sous prétexte que mes vêtements étaient parfois en désordre et que je n'avais pas pour mon jeune frère toute la patience désirable, j'entendais vanter à tout propos les rares qualités de cette Rosette . « Quelle charmante fille! disait ma mère; elle a dix ans à peine et dirige la maison de sa tante mieux que ne le ferait une femme. Elle est devenue la véritable mère de son tout jeune frère et trouve moyen, avec les faibles ressources dont dispose la vieille Sophie, sa tante, d'être toujours propre et je dirais presque bien mise, car les haillons qui la couvrent la parent mieux que ne le feraient, pour d'autres filles de son âge, les plus beaux atours. » Il n'était pas difficile de deviner que les éloges adressés à Rosette contenaient un blâme indirect de ma conduite; aussi je la détestais cordialement cette insolente Rosette dont les yeux étonnés me regardaient en plein visage, sans doute par méchanceté et moquerie.

Oui, je la détestais, cette petite fille de dix ans dont la bonne tenue et la douceur étaient un vivant reproche de ma mauvaise conduite. Quand je l'apercevais, tenant son jeune frère dans ses bras, je relevais insolemment la tête, je la regardais fixement d'un air de dédain, espérant toujours l'obliger à baisser les yeux.

Un jour, jour inoubliable! j'eus une querelle à l'école avec le petit Lysen; nous convînmes de nous rencontrer à la sortie de la classe et de trancher à coups de poings notre différend. En présence de tous nos camarades dont les « kss kss » redoublaient notre fureur, nous nous livrâmes à un violent pugilat qui eut les plus tristes conséquences pour ma figure et pour mes habits. Que m'avait donc fait Lysen? Rien, absolument rien. Il m'avait semblé qu'il ricanait au moment où notre maître m'infligeait un sérieux pensum et j'avais senti se rallumer la vieille haine que j'avais pour lui : je l'avais alors insulté et provoqué.

Nous nous battîmes donc, ou, pour mieux dire, je fus battu, non sans avoir courageusement lutté. Mes camarades n'attendaient que le résultat du combat pour donner leur avis. Cruelle lâcheté des foules qui acclament toujours le vainqueur! Dès que j'eus touché le sol, un peu brusquement, hélas! on nous sépara et Lysen vit toutes les mains tendues vers lui. « C'était lui qui avait raison... Mon agression était inexplicable... »

Honteux, confus, irrité contre mes camarades qui flattaient le petit Lysen comme ils m'auraient flatté moi-même si j'eusse été vainqueur, je me dirigeai vers la maison paternelle. Hélas! mes livres étaient souillés par la boue, mes vêtements étaient en lambeaux, une bosse énorme formait une hideuse saillie sur mon front...

A quelques pas de la maison je rencontrai Rosette tenant comme de coutume son jeune frère dans ses bras; ses yeux se fixèrent sur les miens, et il me sembla que je lisais un reproche dans son regard. Je crus qu'elle aussi se moquait de ma mésaventure; la rage me saisit, je ramassai une pierre, levai le bras et j'allais commettre une action indigne quand

Il me sembla que je lisais un reproche dans son regard.

la pauvre petite serrant fortement l'enfant contre sa poitrine, se contenta de dire : « Lucien, prenez garde à mon petit frère. »

Ces simples mots calmèrent ma fureur; mon bras retomba lentement, ma main laissa échapper le caillou et des larmes jaillirent de mes yeux. J'étais honteux de ma colère, honteux de ma conduite à l'école et surtout de l'acte odieux que j'avais été sur le point de commettre.

Rosette s'approcha de moi : « Vous souffrez, monsieur Lucien? — Oui, Rosette, mais bien moins des meurtrissures de mon visage que du mécontentement de ma conscience. Me pardonneras-tu ma violence? — Laissons cela, monsieur Lucien, et si vous le voulez bien, entrez un instant chez nous; j'aurai bien vite fait de réparer les déchirures de votre habit. »

J'entrai dans la modeste demeure de Rosette et je pus admirer l'ordre et la propreté qui y régnaient. Pendant que la jeune fille cherchait du fil et une aiguille, je lui racontai mon aventure; je ne songeai pas un instant à m'excuser : ma confession fut longue et sincère. — « M'en veux-tu, petite Rosette? toi si douce, si avenante, n'as-tu pas horreur d'un garçon aussi méchant que moi? — Je n'ai pas le droit de vous en vouloir, monsieur Lucien; mais puisque vous convenez si bien de vos torts, pourquoi ne pas changer de conduite? — Changer, changer, si tu crois que cela est commode! Puis-je du jour au lendemain devenir exact, studieux et patient? — Oui, je le crois; je suis bien devenue sérieuse et patiente le jour où mon petit frère est resté seul avec moi. Je me dis à chaque instant qu'il faut contenter papa et maman qui ne sont plus là et quand le travail devient trop pénible, ou quand je songe un peu trop peut-être aux jeux des enfants de mon âge, le souvenir de mes parents me redonne du courage. Puisque vous avez le bonheur de posséder un père et une mère, il doit vous être bien facile de les rendre heureux. — J'essayerai, Rosette, je te le promets, et si la tâche est au commencement un peu difficile, tu viendras, n'est-ce pas, me donner du courage et me fortifier dans mes résolutions..... Mais quels doigts de fée as-tu donc? mon habit est entièrement réparé... Combien je te remercie! tu m'évites les reproches trop justifiés de mon père. Merci, Rosette. Tiens, veux-tu devenir mon amie? Veux-tu me donner la main? Je te promets que je vais devenir meilleur. Je veux être exact à l'école afin d'avoir la croix comme Lysen, je veux travailler afin d'être le premier comme Victor. Maman sera bien heureuse.... et toi aussi, n'est-ce pas, Rosette? — Je serai heureuse du bonheur de vos parents, monsieur Lucien, car ils ont toujours été bien bons pour moi; je serai heureuse de savoir que leur fils est un bon camarade et un bon élève. — Et tu seras mon amie? — Oh! bien volontiers, monsieur Lucien, s'il est possible cependant qu'une pauvre petite fille comme moi soit l'amie d'un garçon riche comme vous l'êtes et qui doit être un jour un monsieur. »

Je rentrai à la maison le cœur soulagé; j'avouai de suite à ma bonne mère tous mes torts; je promis d'être à l'avenir un enfant studieux et obéissant, et je racontai, sans fausse honte, toute la part qui revenait à Rosette dans ma détermination.

Le lendemain j'arrivai le premier à l'école : mes camarades se préparaient sans doute à m'accueillir par des sarcasmes au sujet du combat de la veille. J'allai droit au-devant de Lysen, je lui tendis la main qu'il serra fortement dans la sienne. La franchise de ma conduite désarma les rieurs ; personne ne songea à faire allusion à ma défaite. Je me mis au travail avec ardeur.

Oh! qu'il est facile de faire son devoir et combien la récompense se fait peu de temps attendre! En quelques jours, je reconquis l'estime de mon maître; et quand, à la fin de la semaine, j'arrivai chez mon père, mon cœur battait bien vivement. Quelle différence avec la semaine précédente! Je ne songeais plus à dissimuler un cahier de notes chargé jadis d'observations fâcheuses : il contenait aujourd'hui l'expression flatteuse du contentement de mon professeur. Et savez-vous pourquoi ma main ne quittait pas ma poitrine? C'est que je ne voulais pas qu'on vît de suite... la croix que, dans un noble combat, cette fois, j'avais ravie à Lysen.

Que ma petite fée fut joyeuse quand je lui montrai cette superbe croix d'argent sur laquelle ces mots : « Travail, Bonne conduite, » étaient gravés. Quel bon dimanche nous passâmes ensemble, en compagnie du frèrot qui avait fait amitié avec moi.

Que dirais-je? A partir de ce jour je devins un des meilleurs élèves de la classe. Chaque fois que mon nom était cité favorablement, je rougissais, non d'orgueil, mais de joie, en pensant au bonheur de mes parents et au contentement de ma petite fée.

Les années se passèrent. La veille du jour où je dus quitter ma famille pour entrer comme interne dans un grand lycée de Paris, il y eut bien des larmes qui coulèrent à la maison. Rosette était venue me dire adieu, traînant par la main son petit frère qui, s'attachant à mes jambes, disait qu'il ne voulait point me quitter. — « Je vais être bien triste, Rosette, lui dis-je, loin de mes parents et de toi; mais sois sûre que je tâcherai toujours de mériter ton amitié. — Cela vous sera facile, monsieur Lucien; pour bien faire, vous n'aurez qu'à penser à votre famille. — Et à toi, petite Rosette. »

Je partis et durant plusieurs années je menai à Paris la vie d'écolier. Il ne m'appartient pas de vanter les succès que j'obtins dans mes études. A la fin de chaque année scolaire, je revenais passer deux mois dans ma famille et je retrouvais chaque fois ma petite fée grandie, embellie, plus douce et plus charmante. C'est elle qui consolait ma mère quand mon absence lui devenait trop pénible et qui souvent, malgré le rude labeur qu'elle avait chez elle, venait l'aider dans son travail.

Tout a une fin, même les tristes années de collège. Je revins m'établir définitivement auprès de mon père et partager avec lui la direction de notre ferme. Oh! l'heureuse vie qu'on mène aux champs! J'avais eu un instant l'idée de continuer mes études et de devenir, comme plusieurs de mes camarades, officier ou ingénieur; nobles professions, sans doute, mais auxquelles je préférai avec raison la vie calme et paisible de la ferme.

Ma joie n'était pas complète cependant. Sans doute j'avais retrouvé mon petit coin de terre tel que je l'avais quitté; mes parents, bien que vieillis, avaient encore une robuste santé; cependant il me semblait que ma petite fée avait perdu toute amitié pour moi. Elle évitait ma présence, venait plus rarement chez ma mère et seulement quand j'étais absent. Elle ne fixait plus sur moi, comme autrefois, son regard étrange qui m'irritait jadis et que je trouvais maintenant plein de charme. Qu'avais-je donc fait à Rosette?

Je demandai à ma mère la raison de cette inexplicable conduite. « Rosette est pauvre, me dit-elle; elle se tient modestement à sa place et ne cherche point une amitié, qu'on pourrait croire intéressée, avec plus riche qu'elle. D'ailleurs c'est maintenant une jeune fille sérieuse qui pense sans doute à son prochain établissement. Nous la marierons bientôt. » Rosette mariée! Je n'avais jamais songé que la chose fût possible et pendant plusieurs mois cette pensée ne quitta point mon esprit...

Trois années se sont écoulées. J'ai pris définitivement la direction de la ferme et mes bras ne chôment pas, je vous jure. Levé avant l'aurore, je donne à tous l'exemple du travail. Quand la journée est finie, nous sommes tous réunis à la même table, le vieux père, la vieille mère, *ma femme* et moi, et notre robuste appétit fait largement honneur aux plats de mon excellente ménagère.

Oui, je suis marié depuis trois mois et je chercherais en vain à cacher mon bonheur. J'étais, comme l'on disait chez nous, un bon parti. J'aurais pu, sans doute, épouser une riche fermière et accroître sensiblement mon domaine. J'ai préféré le bonheur à la richesse et je suis parvenu à vaincre les scrupules de la charmante fille, compagne de mon enfance, qui refusait par modestie d'associer sa vie à la mienne.

J'ai épousé ma petite fée.

LE CHAT

J'ai hésité bien longtemps avant de vous raconter quelques-uns des tristes exploits de ma vie d'écolier. Je craignais qu'un jeune lecteur, ne comprenant pas assez vite l'horreur que doivent inspirer les farces de collège, ne trouvât précisément dans mes récits des exemples à suivre. Je me rappelais à ce propos l'anecdote suivante :

Un vieillard riche, mais avare, avait un neveu sans fortune auquel il donnait sans cesse des leçons d'économie. C'était, hélas! tout ce qu'il lui donnait. Le moindre ducaton aurait bien mieux fait l'affaire du jeune homme, qui résolut, à son tour, de donner indirectement une leçon à son oncle.

Comment le jeune homme parvint à mettre une petite somme de côté, comment il persuada à son oncle que deux billets de théâtre lui avaient été offerts, comment il décida le vieillard à l'accompagner au théâtre, nous n'avons pas à le dire. Un beau soir, après un dîner des plus sommaires, qu'on avait encore abrégé afin de ne point manquer le spectacle, l'oncle et le neveu s'assirent au parterre du Théâtre-Français : on donnait ce soir-là l'*Avare* de Molière.

Pendant que le public battait des mains et soulignait par ses rires les traits d'avarice du seigneur Harpagon, que pensez-vous que fit notre homme? Il riait plus haut que les autres, applaudissait vigoureusement et paraissait en somme goûter prodigieusement la célèbre comédie.

En quittant le théâtre, le neveu pensait bien que la leçon avait dû profiter.

« Que dites-vous, mon oncle, de la pièce?

— Je pense, dit le vieillard, que Molière est un bien grand génie. C'est bien de lui qu'on peut dire avec vérité qu'il instruit tout en amusant. J'ai pris ce soir quelques leçons d'économie qui ne seront pas perdues, je t'assure! »

Pour éviter un aussi funeste résultat, pour empêcher le lecteur de chercher dans mes histoires des exemples, je me hâte de condamner à l'avance les plaisanteries d'écolier que je vais raconter et je les signale pour les blâmer, exactement comme faisaient ces Spartiates qui montraient à leurs enfants des ilotes ivres afin de leur faire prendre l'ivresse en dégoût.

Je venais d'être nommé élève dans une de nos grandes écoles, que je ne veux pas nommer afin de ne pas désigner trop clairement nos victimes. A l'âge de vingt ans, quand on est enfermé et soumis à une discipline militaire, que faire? sinon quelques gamineries qui permettent de tuer les quelques heures d'oisiveté qui sont accordées pendant la journée. Il existe d'abord un divertissement tout naturel et qui consiste, pour les anciens, c'est-à-dire pour ceux qui commencent leur deuxième année d'études, à *brimer* les nouveaux.

Fort heureusement cette coutume absurde disparaît des mœurs de nos écoliers. De mon temps, on obligeait encore les nouveaux à manger des frites (lisez pommes de terre frites), dans le bonnet de police d'un ancien. J'aurai suffisamment indiqué le désagrément de cette opération en disant qu'il est de mode à l'intérieur des écoles d'être aussi débraillé et, comprenez la modération de mes expressions, *aussi peu soigné* que possible. Ces mêmes jeunes gens dont vous admirez dans la rue le brillant uniforme en même temps que la belle tenue, sont à l'intérieur de l'École dans un état parfois regrettable. Quelques-uns font le serment de ne jamais faire sentir à leur tunique le contact d'une brosse, et ils tiennent parole. C'est donc dans un bonnet de police mal tenu qu'il fallait autrefois, sans dégoût apparent, que dis-je? avec les signes extérieurs de la plus grande joie, puiser ces *frites* qui nous paraissaient excellentes dans ce temps-là et que nous ne supporterions plus aujourd'hui. Sont-elles donc devenues moins bonnes? En aucune façon : elles sont restées les mêmes; c'est notre estomac qui est devenu mauvais et notre goût qui a changé.

Mais, en ce temps-là, nous ne nous contentions pas d'une ou de deux assiettées de ce précieux tubercule. Nous demandions de nombreux *gigons*, c'est-à-dire des portions supplémentaires. Gigon était un ancien élève dont l'appétit féroce était passé en proverbe; il redemandait de tous les plats. Son nom est devenu immortel; on en a fait un substantif signifiant supplément de ration.

Il y avait encore la brimade dite du *portefeuille*. Les anciens se transportaient aux casernements des nouveaux, défaisaient les lits et arrangeaient les draps de telle manière que, le soir, le conscrit ne parvenait pas à s'étendre. Il lui fallait, au moment où il comptait se reposer, refaire entièrement son lit dans une toilette très primitive, car ce n'est qu'au dernier instant qu'il s'apercevait de la plaisanterie.

J'en passe et des plus désagréables. L'amitié ne tardait pas à s'établir entre les anciens et les nouveaux; les brimades prenaient fin. C'est alors que tous ensemble, anciens et nouveaux, s'ingéniaient à trouver des victimes. Les professeurs eux-mêmes n'étaient pas à l'abri de nos malices parfois cruelles.

« Cet âge est sans pitié! »

Pour exciter notre esprit inventif, on se racontait les vieilles anecdotes qui formaient une espèce de tradition. Connaissez-vous l'histoire de la lune? J'hésiterais à la rappeler, tant elle paraît invraisemblable, si le grand Arago n'avait pris soin lui-même d'en certifier l'exactitude.

Il y avait un professeur, M. H..., pour lequel les élèves n'avaient aucune considération, et qui, d'ailleurs, cherchait toutes les occasions de les embarrasser. Un élève, il s'appelait Leboullenger, avait rencontré dans le monde ce M. H..., et avait eu avec lui une discussion. Ses camarades, informés de l'histoire, avaient conseillé au jeune homme de se tenir sur ses gardes, car certainement à la première leçon il sera interrogé, et le professeur lui aura préparé une grosse difficulté, afin de faire rire les élèves à ses dépens.

Le jour de la leçon est arrivé. Les élèves se placent sur les gradins de l'amphithéâtre. Le capitaine de service est assis auprès du professeur, afin de surveiller la conduite des jeunes gens. Comme on l'a prévu, Leboullenger est appelé au tableau.

« Monsieur Leboullenger, lui dit le professeur, vous avez vu la lune?

— Non, monsieur!

— Comment, monsieur, vous dites que vous n'avez jamais vu la lune?

— Je ne puis que répéter ma réponse : non, monsieur. »

Hors de lui et voyant sa proie lui échapper à cause de cette réponse inattendue, M. H... s'adresse au capitaine de service, et lui dit :

« Monsieur, voilà M. Leboullenger qui prétend n'avoir jamais vu la lune.

— Que voulez-vous que j'y fasse? » répond stoïquement le capitaine.

Repoussé de ce côté, le professeur se retourne encore une fois vers M. Leboullenger, qui restait calme et sérieux au milieu de la gaieté indicible de tout l'amphithéâtre, et il s'écrie avec une colère non déguisée :

« Vous persistez à soutenir que vous n'avez jamais vu la lune?

— Monsieur, repartit l'élève, je vous tromperais si

je vous disais que je n'en ai pas entendu parler; mais je ne l'ai jamais vue.

— Monsieur, retournez à votre place. »

Et voilà comment Leboullenger évita la question embarrassante que M. H... lui avait préparée.

Parmi tous les professeurs, il y en avait un surtout qui servait de cible à nos plaisanteries : c'était le malheureux professeur d'allemand, dont l'accent alsacien nous égayait si fort. Non, il n'est point de tourments qu'il n'ait endurés!

Pendant la leçon, on s'essayait avec quelque succès à imiter les cris des différents animaux. L'auteur de ce petit livre était parvenu à braire, de manière à faire illusion! Un de mes camarades, actuellement un des plus hauts fonctionnaires de l'armée, reproduisait le gloussement de la poule avec un tel art, qu'il n'était pas difficile de bien augurer de son avenir. D..., décoré sur le champ de bataille de Gravelotte pour sa belle conduite, miaulait comme un, non, comme une légion de chats!!

Chaque fois que le professeur, abordant le chapitre des déclinaisons, revenait sur certains mots très sonores, tout l'amphithéâtre l'accompagnait de la voix, et les « *kein, keine, kein; ein, eine, ein...,* » retentissaient de manière à assourdir les oreilles les plus solides. Il y avait, à la vérité, un capitaine chargé de la discipline; mais l'administration, complice des élèves, fermait les yeux, au figuré et au propre, sur nos incartades, car le brave capitaine, qui se souvenait de son jeune temps et ne voulait pas sévir contre des actes vraiment trop graves s'ils avaient été pris au sérieux, feignait de dormir, afin de n'avoir pas à punir.

Ce malheureux professeur d'allemand était vraiment notre souffre-douleur. En dehors de la classe, appelait-il un élève en interrogation, il n'échappait pas à notre malice. Tel élève se présentait avec une barbe immense, répondait aux premières questions en regardant le professeur; puis, se tournant vers le tableau, arrachait vivement sa barbe postiche, et continuait à s'adresser au professeur, terrifié de voir imberbe un candidat si barbu il y a quelques instants.

Je ne veux point insister sur toutes ces plaisanteries d'écolier qui me paraissent aujourd'hui, je l'avoue, d'un goût douteux. On me croirait à peine si je rappelais que ces grands élèves de vingt ans déposaient de la poix sur la chaise du professeur, de manière que la chaise suivît le maître au moment où il voulait se retirer...

L'histoire du chat me paraît plus gaie... Il y avait chez le portier un chat angora superbe, auquel nous faisions en passant mille agaceries. Un beau soir, les classes d'allemand avaient lieu de huit à neuf heures du soir, un de nos camarades s'empare du chat et l'emporte avec lui; ce camarade était précisément placé sur l'un des gradins supérieurs de l'amphithéâtre. La leçon commence. Après avoir joué quelques instants avec le chat, notre ami a l'idée de le passer à son voisin, en lui disant de le faire circuler. Les rires étouffés des témoins du voyage se communiquent du haut en bas de l'amphithéâtre. Le professeur s'arrête, ne comprenant rien à cette gaieté subite. Le chat continue à circuler. Mais au bout de quelques minutes, l'animal échauffé commence à pousser des *miaou* énergiques. Le professeur inquiet suspend plusieurs fois son discours, regarde, ne voit rien et continue la leçon. Les rires, comme vous

Le chat du concierge.

pensez, redoublent de seconde en seconde. Notre brave capitaine juge le moment psychologique arrivé, et se met à fermer les yeux.

La course continue. Le chat passe de mains en mains. Les éclats joyeux redoublent en même temps que les *miaou, miaou* acquièrent une intensité considérable.

Je suis placé sur l'un des gradins inférieurs, au centre, juste en face du professeur. Le chat est sur mon banc; il est entre les mains de mon voisin de

« C'est à fous, monsieur, à brendre le chat. »

gauche qui voudrait s'en débarrasser, car il s'aperçoit que le professeur a les yeux fixés sur lui. De mon côté, j'hésite à recevoir l'animal. Cruel moment! Les rires se sont calmés. Que va-t-il se passer?

Quelle belle occasion pour notre professeur de se venger de nos moqueries! La faute est visible, palpable, vivante. Mon voisin voudrait bien n'avoir plus entre les mains la pièce à conviction; moi, je n'ose la prendre.

Le professeur réfléchit un instant. Sa figure, qui exprimait tout à l'heure la colère, se déride. C'est à moi qu'il s'adresse, et me dit avec son accent alsacien : « C'est à fous, monsieur, à brendre le chat! »

Non, jamais on n'entendit une pareille tempête de rires! Notre capitaine, soi-disant endormi, n'y tint plus; il partagea l'hilarité générale. Pendant quelques minutes, le bruit ne cessa pas.

Et la conclusion? la voici. Vingt fois nous avions été punis sur la dénonciation d'ailleurs très justifiée de notre professeur. Ces punitions, bien loin de nous calmer, n'avaient fait qu'augmenter notre indiscipline. Aujourd'hui, le flagrant délit était constant; le professeur pouvait nous frapper d'une punition sévère; il ne le fit pas. L'acte spirituel et clément de notre victime nous désarma. Le lendemain, il fut convenu que désormais nous assisterions tranquilles à la leçon d'allemand. Et, au grand étonnement de notre professeur, depuis ce jour les séances se succédèrent aussi calmes qu'elles avaient été bruyantes autrefois.

Avis aux professeurs dont les élèves, quoique indisciplinés, ont de l'esprit et du cœur.

LA PAROLE ET LE SILENCE

La sagesse des nations nous dit qu'il faut tourner sept fois sa langue dans la bouche avant de parler. Un autre proverbe nous enseigne : « que la parole est d'argent, mais que le silence est d'or ». Je suis bien aise de trouver une fois en défaut l'impeccable sagesse des nations. J'avance donc hardiment que la parole vaut mieux que le silence et je le prouve.

Le Silence et la Parole vivaient depuis bien longtemps en mauvaise intelligence. Celle-ci vantait à tout propos ses exploits, exaltait ses mille qualités et n'obtenait pour toute réponse de son muet adversaire qu'un haussement dédaigneux des épaules. La Parole aimait à raconter, à l'appui de ses prétentions, le bon tour que joua Esope le bossu quand, prié par son maître de servir à table les mets qu'il jugerait les meilleurs, il fit apporter en guise de potage, de relevé, d'entremets, de rôti et de dessert, *de la langue* et rien que de la langue. N'était-ce pas un argument décisif en faveur de la Parole?

Si le Silence avait voulu se défendre, il aurait pu continuer cette histoire et rappeler que le même Esope, chargé de fournir la table de son maître des mets qu'il trouverait les plus détestables, avait recommencé le dîner de la veille et prouvé à son maître furieux que la langue était à la fois ce qu'il y avait de meilleur et de pire. Mais le Silence ne disait rien.

Le dédain silencieux de son adversaire augmenta l'irritation de la Parole cent fois plus que des injures auraient pu le faire et, qui sait' on aurait pu en venir aux mains, si la Concorde qui passait par là n'eût émis l'idée de porter la question devant le juge et d'accepter son arrêt. Aussitôt dit, aussitôt fait.

Nos deux héros sont introduits auprès du juge. Derrière eux une foule compacte envahit le prétoire, foule presque exclusivement composée de dames dont le jugement partial se trahit par un bruit assourdissant de voix. Le juge fronce le sourcil, annonce qu'il va faire expulser les bavards : le Silence paraît triompher. La parole est donnée... à la Parole.

« Grand juge, en qui réside la suprême sagesse, peu de mots me suffiront pour te convaincre. N'est-ce pas dans cette même enceinte que tous les jours, grâce à moi, l'innocent persécuté peut recouvrer ses droits; que le crime est puni; que la vertu triomphe? Les esprits les plus distingués n'appartiennent-ils pas en grand nombre au barreau? Et ne voit-on pas, de nos jours, messieurs les avocats occuper tous les postes de l'État? S'il est vrai que quelques-uns d'entre eux arrivent aux affaires sans préparation aucune, n'est-ce pas une preuve évidente que la parole tient lieu d'expérience, de savoir et d'étude?

« Comment entraîner au combat cette foule indisciplinée qui peut à chaque instant, prise d'une terreur panique, abandonner la défense du sol sacré de la Patrie? par un mot, par une parole énergique qui rallie tous les courages. Beaucoup de gens ont oublié les exploits de nos grands capitaines qui se souviennent de leur cri de guerre ou de leurs dernières paroles.

« Comment l'humble créature peut-elle jusqu'à un certain point s'élever jusqu'à la divinité? Par la prière qui fait monter jusqu'au trône de Dieu les accents pénétrés de la reconnaissance et les vœux des cœurs souffrants.

« Mais à quoi sert-il d'insister? La parole ne distingue-t-elle pas l'homme des animaux? Faut-il rappeler que les premiers peuples l'avaient élevée au rang des divinités et lui adressaient des hymnes? N'est-ce point l'évangéliste saint Jean qui a dit : « Au commencement était le verbe, et le verbe était avec Dieu; et le verbe était Dieu. » Autant la lumière du soleil l'emporte sur l'obscurité de la nuit; autant Apollon, dieu de la poésie et de l'éloquence, l'emporte sur le silencieux Harpocrate; autant la pensée humaine traduite par le langage l'emporte sur les cris instinctifs de l'animal, autant la parole l'emporte sur le silence. J'ai dit. »

Ce véhément plaidoyer, souligné par les murmures approbatifs de l'auditoire, n'avait pas convaincu le juge, il nous faut l'avouer. La magistrature qu'on appelle assise a entendu tant de fois la parole des avocats plaider tour à tour le faux et le vrai, qu'elle est un peu sceptique à l'endroit des beaux discours. Par un phénomène psychologique bizarre mais certain, ce qui frappe les juges en général, ce qui les occupe souvent quand ils entendent une plaidoirie, c'est de deviner les arguments que l'avocat adverse va fournir pour combattre ceux qu'on développe. Ce travail se faisait naturellement dans l'esprit du juge pendant que la Parole arrondissait ses périodes. « La partie adverse, se disait-il *in petto*, va nous montrer les dangers certains de la parole. Le Silence va bien facilement nous prouver que si la parole prie, elle blasphème le plus souvent; que si elle entraîne les soldats au combat, elle déclare les guerres injustes et, pour tout dire en un mot, qu'elle semble souvent avoir été donnée à l'homme pour déguiser sa pensée. Nous allons bien voir... » Et élevant la voix : « La parole est au Silence! »

Le Silence s'approche timidement, paraît se faire violence, ouvre la bouche et va faire entendre sa voix lorsque la Parole s'avançant : « Je demande qu'il se taise, s'écrie-t-elle; il faut que chacun de nous puisse convaincre notre juge en employant ses propres armes. Je me suis servi de la parole pour me défendre, c'était justice. Si le Silence emprunte mon secours il aura par cela même avoué que je suis plus utile que lui. » Des applaudissements accueillent ces mots. Et le juge est obligé de reconnaître la supériorité de la Parole.

Le Silence quitta la salle, tête basse, et alla se consoler auprès de ses sœurs, la Méditation et la Sagesse.

JOEL

Je connaissais depuis longtemps la curieuse aventure arrivée à mon ami Joël, aventure que tous les journaux avaient racontée, commentée et même défigurée; mais jamais je n'avais osé l'interroger à ce sujet. D'ailleurs, un changement d'habitation qui m'avait éloigné de sa demeure, des déplacements fréquents, nécessités par mes fonctions, nous avaient séparés presque complètement. Au commencement de chaque année, nos cartes de visite se croisaient et témoignaient que nous n'avions quitté ni l'un ni l'autre cette vallée de misères. La carte de Joël m'apprenait de plus qu'après des commencements laborieux il était enfin parvenu à percer, comme on dit, et à se faire une place au soleil. L'année qui suivit notre séparation, je reçus, en effet, un petit morceau de carton portant ces mots :

JOËL

Sous-chef de bureau.

Deux ans après, la carte m'apprit que Joël venait enfin d'être nommé chef. J'écrivis immédiatement une lettre de félicitations d'autant plus sincère que j'avais été témoin des difficultés de ses débuts et que cette nomination le mettait désormais à l'abri du besoin. Je reçus, par retour du courrier, une invitation pressante à dîner qui se terminait par ces mots : « Ne troublez pas le bonheur d'un homme vraiment heureux en refusant son invitation. Point d'excuses; ma femme et mes fillettes vous attendent. »

Je n'eus garde de manquer au rendez-vous. Je n'étais d'ailleurs pas fâché de contempler un homme se disant vraiment heureux, ces occasions-là ne se rencontrant pas tous les jours!

A l'heure convenue, nous étions à table tous les cinq, Mme et Mlles Joël, mon vieux camarade et moi. Le repas fut charmant. Sans doute, les mets rares et recherchés ne parurent point sur la table, je ne vis point de ces coûteuses primeurs qu'on paie au poids de l'or et qui, n'ayant aucun goût, ne sont évidemment là que pour témoigner de la fortune de l'amphitryon. J'ajouterai même qu'on n'avait placé devant nos assiettes qu'un seul verre, ce qui est le comble de la modestie.

Point de garçon en habit noir, attristant le repas par son air ennuyé et se hâtant de vous retirer les assiettes avant qu'elles soient vides. J'avoue que je n'ai jamais compris, si ce n'est dans un restaurant ou dans certains dîners de cérémonie, la présence de ces grands gaillards à larges favoris, cravatés de blanc et vêtus d'un habit quelquefois propre, qui vous murmurent à l'oreille : « Pomard ou Saint-Emilion? » et versent indifféremment dans votre verre l'un ou l'autre des vins qu'ils portent, sans souci de vos préférences.

Non seulement Mme Joël n'avait emprunté aucun domestique étranger, mais la vérité m'oblige à avouer qu'elle n'avait pas même de cuisinière et que le service était fait par elle-même et par ses deux charmantes filles.

Le poète Virgile (qui se serait attendu à voir Virgile en cette affaire?) dit aux laboureurs qu'ils seraient trop heureux s'ils connaissaient leur bonheur. Je demande la permission d'en dire autant des ménagères qui se sont exemptées de ce tyran femelle appelé *bonne* (!) ou cuisinière, tyran gourmand, paresseux, raisonneur, qui fait sauter l'anse du panier, bouscule les enfants quand les maîtres ont le dos tourné, vous coûte les yeux de la tête, et va raconter à la concierge tout ce qui se passe et même ce qui ne se passe pas chez vous. Point de cuisinière! Je commençais à comprendre que le bonheur de mon ami pût être complet.

Au dessert, Joël, me montrant ses deux filles : « C'est à elles, me dit-il, que je suis redevable de mon avancement rapide. » Et comme naturellement je manifestais quelque surprise, mon hôte commença sa curieuse histoire :

« Vous savez, me dit-il, combien mes commencements furent modestes. Quand j'eus le plaisir de vous connaître, j'étais nouveau marié, riche d'espérance, mais ne possédant pas un sou vaillant. Ma chère femme m'apportait en dot sa jeunesse, son amour, les qualités les plus précieuses du cœur et de l'esprit, mais d'argent point. Je ne m'en souciais guère. Les gens soi-disant raisonnables condamnaient mon choix : « C'est folie, disaient-ils, d'unir deux misères. Vos appointements d'employé seront à peine suffisants pour vous faire vivre; un accident, une maladie légère auront bien vite créé un arriéré qu'il vous sera impossible de faire disparaître. Et s'il vient des enfants? » Vous aviez mille fois raison, très sages amis, mais je sentais bien que ma folie valait mieux que votre sagesse. Ce que vous aviez prévu est sans doute arrivé : les douze cents francs de ma place et les petits bénéfices de plusieurs tenues de livres ne nous permettaient pas toujours de joindre les deux bouts. Plus d'une fois le foin a manqué au râtelier; mais, en dépit du proverbe, les chevaux ne se sont pas battus! Nous étions riches, voyez-vous, riches de courage, riches de jeunesse, pleins de foi dans l'avenir et, pour lutter contre le sort, nous avions, force immense! nos deux volontés qui n'en faisaient qu'une, nos deux cœurs qui battaient à l'unisson.

« Les enfants vinrent : Alice d'abord, Berthe ensuite, et mes maigres appointements devenaient de plus en plus insuffisants! Je n'avais aucun avancement, tandis que plusieurs de mes camarades, moins anciens que moi, avaient déjà franchi quelques échelons de cette rude échelle administrative. On racontait au bureau que la parenté de l'un, les amis de tel autre avaient puissamment aidé à leur avancement et même que, grâce à leur mariage, plusieurs avaient trouvé de hautes protections.

« Mes relations avec mes chefs étaient des plus sommaires : une visite officielle, en corps, au premier de l'an, et c'était tout. Quelques employés avaient déjà reçu des invitations pour eux et leur femme aux soirées que donnait notre directeur ; ces relations pouvaient sans doute leur être utiles. Mais, à quoi bon, je vous prie, solliciter une invitation à laquelle ni ma femme ni moi n'aurions pu nous rendre, étant donnée la modestie de notre garde-robe. J'étais donc classé, au ministère, parmi les employés qui n'avancent pas et mes chefs, tout en reconnaissant et en vantant mon zèle, n'avaient jamais pensé à élever ma position. Non, cela est certain, ils n'y pensaient pas. Ils m'estimaient, j'en suis sûr ; ils m'eussent été volontiers utiles, je le crois ; mais, personne n'ayant sollicité pour moi, ils me considéraient sans doute comme satisfait de mon humble condition, heureux des marques de sympathie qu'ils m'accordaient, mais nullement pressé d'arriver. Ma timidité, hélas! ne paraissait que trop leur donner raison.

« Les années se passèrent. Mes fillettes grandissaient. Ma chère femme, malgré les soins multiples de la maternité et du ménage, trouvait encore le temps de confectionner ces petits riens de dentelle et de soie auxquels son goût donnait une grande valeur et que les marchands payaient assez bien.

« Un jour, je revins assez embarrassé de mon bureau. Notre chef de division venait d'être nommé officier de la Légion d'honneur. Nous étions tous allés le féliciter et les plus anciens avaient été invités à dîner pour le lendemain.

« Sans doute l'honneur était grand, mais il ne laissait pas que de me troubler un peu, et pour cause. Ma femme était radieuse. « Elle me voyait enfin admis dans l'intimité de mes chefs. On me faisait causer; je répondais à merveille. Mon chef de bureau signalait au chef de division mes mérites doublés d'une rare modestie. Et, pour récompenser ma longue attente, d'emblée j'étais nommé sous-chef! »

« En attendant, il fallait donner à ma redingote, plus modeste encore que son maître, un aspect présentable. C'est à quoi tendirent durant plusieurs heures les efforts de Mme Joël. Mes fillettes, moins soucieuses d'un avancement rapide pour petit-père, énuméraient les bonnes choses qu'on servirait sur la table. Au moment de partir pour ce fatal et bienheureux dîner (vous allez savoir tout à l'heure la raison de ce singulier accouplement de mots), tandis que ma chère femme me disait résolument : « — Consens enfin à laisser percer ton mérite », mon Alice me demandait de lui apporter de la glace et ma Berthe se déclarait satisfaite avec quelques gâteaux.

« Je passe rapidement sur tous les incidents sans importance d'un dîner de cérémonie; le dessert arrivé, je n'avais pas encore eu l'occasion de faire valoir les prétendues ressources de mon esprit. On allait quitter la table; je songeai à mes fillettes et, après un moment d'hésitation, je glissai dans ma poche les quelques petits gâteaux qui se trouvaient sur mon assiette. C'est à ce moment que se produisit un terrible incident.

« Un garçon de service effaré vient dire quelques mots à l'oreille de la maîtresse de la maison. Celle-ci pâlit, mais répond rapidement : « — C'est bien; qu'il ne soit question de rien. » Malheureusement, le chef de bureau, placé à sa droite, a tout entendu et s'écrie : « — Comment, il manque deux couverts! » Tout le monde se lève. En vain, notre hôte et notre hôtesse assurent qu'il y a méprise, que le domestique s'est trompé... Les paroles inconsidérées du chef de bureau ont jeté, comme l'on dit, un froid. « — Eh bien! reprend-il, en riant, on va nous fouiller tous! » Tout le monde rit, nos hôtes les premiers et, par amusement, chacun vient vider ses poches devant notre chef de bureau qui prend d'une façon comique des airs de magistrat instructeur. Moi-même je souris et m'apprête à faire comme tous mes camarades quand une pensée traverse mon cerveau : « Et mes gâteaux! » Je pâlis affreusement!!!

Mon tour est arrivé. « Vos poches, Joël? — Permettez-moi, monsieur, de ne pas prendre part à ce jeu. — Quelle plaisanterie! voyons, Joël, retournez vos poches. — Non, monsieur, n'insistez pas, je vous prie. — J'insiste au contraire, mon cher ami; acceptez comme tout le monde cet innocent badinage, auquel je me suis prêté le premier et qui n'est blessant pour personne. — Non, monsieur, je refuse et je prie M. le chef de division de vouloir bien m'accorder un moment d'entretien. »

« Je ne dépeindrai point l'effet produit par ces paroles sur les assistants. Aucun de mes amis, j'en suis sûr, n'avait sur moi l'ombre d'un doute, mais je ne comptais pas que des amis et surtout j'étais inconnu du maître et de la maîtresse de la maison. Cette excellente dame paraissait plus honteuse que moi-même et elle aurait, je le parie, sacrifié son service entier

« Non, monsieur, je refuse. »

d'argenterie à la condition que ce pénible incident ne se fût pas produit. Je passai au salon; mon chef de division me suivit.

« — Je ne suis pas un malhonnête homme, monsieur, m'écriai-je; vous n'avez pas cru, n'est-ce pas, que j'avais pu me rendre coupable d'une action aussi infâme? — Non, sans doute; mais pourquoi cette hésitation? » Pour toute réponse, je vidai mes poches et montrai les trois gâteaux que j'avais emportés. Mon chef partit d'un fou rire, me tendit la main, et me demanda des renseignements sur les enfants auxquels je destinais ces friandises. Je parlai de ma chère femme, de mes enfants en termes qui parurent l'émouvoir. Je fus questionné sur ma situation au ministère, sur la durée de mes services...; quand j'eus répondu à toutes ces questions, mon excellent chef de division me dit : « — Ma femme vous remettra tout à l'heure quelques gâteaux que vous voudrez bien offrir de notre part à Mlles Alice et Berthe. Je joins à ce petit souvenir la promesse de m'occuper sérieusement de votre avenir; vous en donnerez l'assurance à Mme Joël. »

« Quelques jours après, j'étais nommé sous-chef et, depuis cette époque, grâce à la haute protection de mon excellent chef, j'ai rattrapé par des avancements rapides les années perdues au commencement de ma carrière. Vous le voyez, dit Joël en terminant, c'est à mes deux filles que je dois ma fortune. »

J'avais écouté avec le plus grand plaisir le récit de mon ami. Il me semblait toutefois incomplet. « Je comprends bien, lui dis-je, qu'après votre conversation dans le salon, votre hôte a dû, prenant votre bras, rentrer au milieu des invités et témoigner ainsi de l'estime qu'il professait pour vous. Mais personne n'a-t-il douté de votre probité? N'a-t-on pu penser que la générosité de votre chef, provoquée peut-être par un aveu sincère, avait seule couvert une indigne conduite? Tout le monde a-t-il été convaincu?

— Tout le monde, répondit Joël. Car tandis que mon chef et moi avions ensemble l'entretien que j'ai rapporté, un domestique venait causer tout bas à la maîtresse de la maison et celle-ci, ouvrant les portes du salon, s'écriait :

« Les couverts sont retrouvés! »

LE HARICOT DE MOUTON

J'étais, il y a quelques années, interné dans un des grands lycées de Paris. Je partageais avec mes camarades la triste prison dans laquelle nous étions condamnés à passer les plus belles années de notre vie. Mon père avait beau me répéter que ce temps-là était le meilleur, que je regretterais un jour les années de collège, j'avoue que je hochais la tête d'un air d'incrédulité. Et, faut-il le dire, l'âge n'a pas modifié mes sentiments. Je n'abuserai pas du privilège que me donnent mes cheveux qui grisonnent pour vous prêcher l'amour de l'internat; mon sermon serait sans valeur, car je n'aurais pas la foi. Non, non, je ne regrette pas les longues soirées de l'étude et la figure maussade de notre surveillant que nous appelions, de mon temps, d'un nom plus vulgaire.....

La journée se passait encore assez bien, si j'en excepte cependant le cruel moment du lever. Le tambour bat; il faut se jeter hors du lit, les paupières engourdies. Maudit tambour! qu'il ferait bon rester dans ce lit bien chaud et de reposer une heure encore! Une heure, est-ce trop? eh bien! une demi-heure, un quart d'heure seulement, le temps de songer qu'il fait froid au dehors et que ma couche est tiède. Mais non le signal est donné, il faut s'habiller à la hâte, s'occuper des soins de propreté et prendre le rang pour se rendre à l'étude. Que de fois j'ai consolé ma paresse en songeant aux grasses matinées des vacances! Puis, les vacances venues, la liberté du repos m'étant rendue, je me levais de bon matin à peu près à l'heure du lever du collège, n'appréciant plus ce sommeil prolongé auquel j'avais accordé tant de prix. Conclusion philosophique : c'est l'espérance d'un bien qui nous rend heureux, plus encore que ce bien lui-même.

Donc, la journée se passait assez bien : les classes, les récréations, les amitiés du collège ne laissaient pas de temps aux souvenirs de la vie de famille. Mais le soir! Après la longue étude et le souper en commun dans le grand réfectoire aux murs dénudés, nous nous remettions en rang; il fallait traverser un long et triste corridor mal éclairé, pour regagner notre lit. C'est à ce moment que mon cœur se serrait; plus de caresses paternelles! le baiser de maman, que je le recevrais avec joie! Que fait-on chez nous maintenant? Autour de la table, mon père et ma mère sont assis. Ma mère remet en état les effets déchirés par mon jeune et turbulent frère; mon père lit un journal et, de temps à autre, signale à haute voix une nouvelle particulièrement intéressante.... et moi, triste et isolé au milieu de mes compagnons d'infortune, je n'entends que la voix irritée du surveillant qui vient de condamner mon voisin à la privation de la prochaine sortie!

Toutefois, je le reconnais, un grand nombre de mes camarades acceptaient sans murmurer leur situation, bien que chacun se plaignît de la prison, pour une raison ou pour une autre. Le grief le plus général, celui que toutes les bouches articulaient c'était la nourriture du lycée. Nous engraissions tous cependant, ce qui indiquait bien que nos aliments contenaient au total la quantité de matières azotées nécessaire à nos estomacs; mais les plats ne ressemblaient en rien à ceux qu'on apportait sur la table paternelle! Je ne parle pas, bien entendu, des friandises et des sucreries qui composaient notre dessert, chez nous, et dont le nom même semblait inconnu au lycée; mais les plats les plus simples devenaient méconnaissables. Le poulet lui-même (quand par hasard il y avait du poulet) avait perdu toute ressemblance avec ceux que notre ménagère apportait sur la table. Souvent de petites tempêtes éclataient sous nos jeunes crânes, quand l'ordinaire avait paru trop fantaisiste.

Un jour l'explosion eut lieu. Voici dans quelles circonstances. Depuis quelques jours nos estomacs avaient été martyrisés; le bœuf avait pris d'étranges allures, le macaroni avait cessé de filer, les pommes de terre, elles-mêmes, semblaient devenues malades (maladie que j'attribuais à leur séjour prolongé au lycée). Des chants subversifs avaient éclaté au réfectoire; des menaces avaient été proférées et un soir même, j'en rougis de honte, nous avions demandé en hurlant la tête de l'économe!

Ce jour-là nous devions avoir à dîner un haricot de mouton, mets généralement estimé. Nous avions donc subitement calmé nos colères et ce fut, je le jure, sans arrière-pensée que nous nous rendîmes au réfectoire. Notre abnégation était telle que nous n'élevâmes pas une seule plainte quand, sous le nom de potage, on nous servit un liquide chaud et jaunâtre qui n'avait jamais fréquenté, je l'affirme, la société d'un animal quelconque : bœuf, veau ou mouton. Nous attendions. Enfin le plat désiré fait son apparition ; je fouille avec avidité le contenu de mon assiette et je cherche, sans succès, le mouton annoncé. La vérité nous apparaît tout entière : il n'y avait pas de mouton !!!

Un cri d'indignation sortit de toutes les poitrines : « sa tête, sa tête! » il s'agissait bien entendu de la tête de l'économe. Le bruit croissait sans cesse; les avertissements de nos surveillants, les punitions qui tombaient dru comme grêle étaient incapables de nous émouvoir. On brisa quelques assiettes, quelques carreaux volèrent en éclats et le calme ne revint pas, même au dortoir. Notre excellent censeur dut intervenir, menacer, punir; rien n'y fit. Le désordre était général et, comme il arrive toujours, nos propres cris nous excitaient davantage.

Le sommeil vint cependant, mais ce n'était qu'une trêve. Le lendemain matin nous recommençâmes la lutte. M. le proviseur parut; il essaya de nous faire comprendre la gravité de notre équipée et nous annonça que M. le ministre allait être informé du scandale dont le lycée avait été le théâtre et que probablement nous serions tous licenciés.

J'avoue humblement que cette menace me toucha

peu. Que dis-je? elle m'enchanta. Quoi! quitter le lycée, rentrer dans la maison paternelle sans que ma conduite pût être sévèrement blâmée, car je n'étais qu'une unité perdue dans la masse des perturbateurs! je n'aurais jamais osé espérer une pareille joie.

Cette joie fut troublée cependant; quelques-uns de mes camarades paraissaient atterrés. Tandis que je supposais naïvement que le contentement devait être général, je vis quelques visages épouvantés et j'aperçus même des larmes sur certains d'entre eux. Mon meilleur camarade, Louis, ne me cacha pas ses angoisses. Il était boursier au lycée; sa famille était sans ressources. Qu'allait-il devenir? Chassé d'un lycée, pourrait-il rentrer dans un autre? « Tu trouveras, me dit-il, une famille heureuse de te recevoir et assurée de te voir conquérir les grades universitaires; mais moi, que vais-je devenir? mes pauvres parents ne pourront faire la dépense d'un maître qui me prépare aux examens..... mon avenir est brisé. »

Ces tristes confidences calmèrent brusquement ma joie et j'en vins à redouter comme un malheur personnel ce licenciement, que je considérais tout à l'heure comme le plus grand bonheur qui pût m'arriver. Si ma voix avait pu être écoutée, nous serions tous rentrés dans l'ordre et, au prix d'une retenue générale, nous aurions effacé le souvenir de notre révolte. Mais comment calmer l'effervescence de toutes ces jeunes têtes?

Aucun ordre de licenciement ne fut donné; la

mesure parut sans doute trop sévère. Seulement le ministre, un homme de beaucoup d'esprit, dont le passage aux affaires a laissé les meilleurs souvenirs dans l'Université, demanda au proviseur de lui envoyer une députation des élèves afin qu'il pût entendre leurs griefs. Quatre de nos camarades, parmi lesquels je me trouvais, se rendirent au ministère, bien fiers, je vous l'avoue, de leur haute mission et décidés à imposer des conditions au pouvoir! Nous nous croyions les maîtres, la bienveillance du ministre ressemblant à s'y méprendre à une capitulation.

Jamais ambassadeurs ne furent plus pénétrés de leur importance; nos jeunes têtes se redressaient fièrement..... combien il fallut en rabattre!

Nous avions préparé en commun une harangue, inspirée des meilleurs modèles de l'antiquité. Il fallait montrer au ministre que nos études classiques n'avaient en rien souffert du désordre de notre conduite. Notre porte-parole devait paraphraser ce conseil latin : *mens sana in corpore sano*, un esprit sain dans un corps sain. *Corpore sano!* cela ne voulait-il pas dire que le chef de cuisine devait soigner mieux notre ordinaire? Malheureusement nous n'avions pas prévu que notre conversation avec le ministre serait un dialogue qui ne permettrait pas les longs développements.

Brusquement interpellé, j'oubliai mon exorde, lequel, entre parenthèse, j'utilisai à la fin de l'année dans mon discours français du baccalauréat.

« C'est de la nourriture, monsieur le ministre, que nous nous plaignons.

Brusquement interpellé, j'oubliai mon exorde.

— Que s'est-il donc passé de particulier ces jours-ci?

— Voici, monsieur le ministre. Nous devions avoir à dîner un haricot de mouton, et, je vous le jure, il n'y avait pas trace de mouton dans le plat qui nous fut servi.

— Mais dites-moi donc ce que c'est qu'un haricot de mouton.

— Mais, dame, c'est du mouton avec des pommes de terre.

— Et les haricots?

— Il n'y en a pas, monsieur le ministre.

— Comment! dans un haricot de mouton il n'y a pas de haricots?

— Non, monsieur le ministre.

— Eh bien! si dans un haricot de mouton il n'y a pas de haricots, pourquoi voulez-vous qu'il y ait du mouton? »

Ma foi je restai bouche béante et ne sus que répondre. Mes camarades, interloqués comme je l'étais, examinaient anxieusement les bouts de leurs grosses chaussures, en cherchant une réponse qui ne vint pas.

Les passages les plus sonores de ma harangue me trottaient dans la tête; j'étais si bien préparé à une discussion générale sur l'influence de l'alimentation dans le développement des études scientifiques et littéraires! mon argument vainqueur : *mens sana*..... me démangeait la langue; mais que répondre à la *colle* du ministre? Je restai coi.

Le ministre nous fit une réprimande paternelle et nous renvoya en disant : « A la fin de chaque année, je reçois à ma table les principaux lauréats du grand concours; j'espère avoir quelques-uns d'entre vous comme invités. Travaillez avec ardeur, messieurs, et ceux qui me feront l'honneur de dîner avec moi mangeront un haricot de mouton. Je ne m'engage pas pour les haricots; mais je promets le mouton. »

L'esprit du ministre calma nos colères et provoqua chez nos camarades un violent accès de gaieté. Nous avions ri, nous étions désarmés.

L'ordre se rétablit et nous ne payâmes notre équipée que d'une consigne pour le dimanche suivant. Cette consigne m'était bien pénible; j'avais fait de si beaux projets pour ce jour-là. Mais la joie de mon ami Louis effaça bien vite mon chagrin. Depuis, je me suis demandé ce que signifiait cette expression « haricot de mouton » qui me rappelait notre révolte du collège; voici ce que j'ai appris. Nous avions autrefois, dans la vieille langue française, un verbe qui a disparu en même temps qu'une foule d'autres mots. Haligoter signifiait mettre en pièces, en morceaux; et, de ce verbe, on avait fait un substantif féminin, une *haligote*, qui indiquait une pièce, un petit morceau. On donnait au plat composé de morceaux de mouton et agrémenté de navets ou de pommes de terre le nom d'haligote de mouton. Ce nom s'est corrompu; on a dit successivement un haligot de mouton et enfin un haricot de mouton. Ah ! si j'avais connu plus tôt cette étymologie, comme j'aurais, suivant la triviale expression des collégiens, *collé* le ministre!

LE PROCÈS DES MOINEAUX

Vous avez tous vu, dans nos jardins publics, des bandes de moineaux. On les apprivoise sans trop de peine et je m'amuse volontiers, le matin, à leur fournir une ample provision de pain.

A peine suis-je arrivé que mes convives apparaissent.

Les voici tous groupés en demi-cercle sur le gazon. « C'est le monsieur au petit pain ! » s'est écrié, dans un langage particulier, le premier qui m'a reconnu, et tous viennent prendre part au festin.

Ils attendent gravement que la distribution commence.

Les premiers moments se ressentent d'une certaine froideur : ils se souviennent peut-être que la veille ma provision a été épuisée avant que leur appétit fût pleinement satisfait, et je demande s'il serait jamais possible de contenter les estomacs de ces oiseaux gourmands! Mais bientôt la confiance renaît : ils s'avancent peu à peu; un moineau hardi vient chercher le pain que je lui destine jusque dans le creux de ma main.

Ils connaissent ma demeure et sont habitués à

trouver leur couvert mis sur le bord de ma fenêtre. Leur estomac est une horloge qui ne varie jamais; à midi précis ils me rappellent de leur voix criarde qu'il se fait tard et qu'ils ont faim. Aussitôt que la table est servie, ils préviennent leurs camarades avec une rapidité dont pourrait être jaloux notre service des dépêches télégraphiques.

Ils connaissent ma demeure.

J'aime ces moineaux, et certes je ne me laisse pas séduire par la beauté de leur plumage, car leur forme est lourde, leurs couleurs sont ternes, leur voix est désagréable; cependant leur allure vive, pétillante, qui rappelle celle du gamin de Paris, n'est pas sans charme. Un célèbre naturaliste disait: « Faut-il l'avouer? j'ai un faible pour le moineau commun; ses couleurs sont pauvres et ternes; on le traite généralement avec indifférence, sinon avec mépris; on le détruit sans pitié, les enfants lui coupent les ailes, le tourmentent et l'emprisonnent dans d'étroites cages; c'est le souffre-douleur, le prolétaire des oiseaux... et pourtant la nature a doué les moineaux d'une sagacité rare, d'un esprit d'association fraternelle, d'un grand fonds de ruse, qui les met plus ou moins sur leurs gardes. » Je m'associe à cette profession de foi et je pourrais citer mille exemples témoignant de l'esprit, du jugement, de l'affectivité des moineaux.

Mais il s'agit bien de ces considérations sentimentales! J'apprends qu'on vient de faire le procès de ces intelligents oiseaux et qu'un verdict impitoyable a été rendu : les moineaux sont condamnés à mort.

L'affaire a été émouvante, et les avocats ont bien parlé. Hélas! toute leur éloquence a été vaine.

Les assises se tenaient dans la salle des séances d'une société d'agriculture. Le ministère public, représenté par un agronome distingué, a exposé en ces termes l'acte d'accusation :

« Dans le public agricole, le moineau ne trouvera jamais de protecteur, parce que tout le monde connaît son caractère pillard et effronté, et sait quels dégâts cet oiseau commet dans les greniers, aussi bien que dans les champs..... Comme destructeur de grains et de fruits, le moineau est supérieur aux rongeurs des genres divers; petit de taille et oiseau, il lui faut, pour conserver sa chaleur animale, à peu près quinze fois autant de combustible que pour le même poids de bœuf ou d'un grand animal de ferme; il consomme en grains, dans les greniers, la ration de plusieurs semaines d'un cheval ordinaire.

« Le protecteur des animaux, l'amateur des oiseaux utiles ne devrait pas protéger le moineau, car par sa présence, par son idée de prendre le nid des autres oiseaux, d'occuper même les niches artificielles qu'on fait pour les oiseaux chanteurs, le moineau chasse les oiseaux insectivores de nos jardins et des vergers, et gêne la multiplication de ces derniers, qui sont des animaux utiles.

« Le moineau, d'après tout cela, n'est pas réellement utile et n'a pas droit à la protection légale; il faut permettre sa destruction par tous les moyens qui conviennent aux intéressés; jamais on ne fera tort à l'espèce, puisqu'il en est du moineau comme de la mauvaise herbe, qui ne périt pas. »

Ce réquisitoire cruel fut vivement relevé par les défenseurs des moineaux; ils firent remarquer que, s'il est vrai que les moineaux mangent les fruits et les graines, il est non moins vrai qu'ils font aussi la chasse aux insectes nuisibles dont ils opèrent la destruction. L'un d'eux rappela même que les Américains prenaient soin d'offrir aux moineaux un gîte et un abri pendant la mauvaise saison et termina son discours en ces termes : « Si l'administration se décidait à tolérer ou même à encourager par des primes la destruction des moineaux, on verrait bientôt une jeunesse turbulente et indisciplinée se donner carte blanche pour envelopper dans la même ruine les moineaux et les autres oiseaux, et faire un massacre général des innocents. »

La déposition des témoins à charge fut accablante « Chez moi, dit l'un d'eux, les cerises et les raisins ne sont plus connus qu'à l'état de souvenir : les moineaux les attaquent bien avant la maturité, et un épouvantail quelconque n'a pas plus de deux ou trois heures d'efficacité. Avant 1880 mes figuiers produisaient chaque été environ 300 bonnes figues. Dans l'été de 1880 quelques moineaux strasbourgeois (le témoin est Alsacien) firent l'essai de goûter à ce fruit

Les Américains offrent aux moineaux un gîte et un abri.

et communiquèrent sans doute leurs observations à leurs semblables, car les deux tiers des figues furent réduites à l'état de peau vidée. En 1881, ce fut bien pis : il ne resta pas dix figues. »

La cause était entendue : à l'unanimité les juges décidèrent qu'on demanderait la suppression de la protection légale des moineaux.

Restait une dernière question. Comment détruirait-on les coupables?

Les moyens violents n'ont pas eu de grands défenseurs. On a proscrit le coup de fusil, non par humanité, mais parce qu'il avait l'inconvénient d'éloigner en même temps les oiseaux vraiment insectivores de même que les oiseaux chanteurs.

On a mis de côté les pièges et les filets par cette raison péremptoire que les moineaux sont assez fins pour ne pas se laisser prendre.

Voici les deux systèmes qui ont recueilli la majorité des voix :

Le premier moyen consiste à « utiliser l'habitude qu'a le moineau de se mêler aux oiseaux de basse-cour pour dévorer le grain que la ménagère jette trois fois par jour à ces volatiles. Le jour que l'on a fixé pour prendre les moineaux, on ne sort pas les volatiles, et la fermière au lieu des petits grains jette des menus cailloux, de la mie de pain durcie, des grains même, que l'on a eu soin d'enduire de glu. Les oiseaux, ne se doutant pas de la fraude, se jettent sur les grains englués, se collent le bec d'abord, les plumes ensuite, parce qu'ils cherchent à s'essuyer; leurs ailes sont bientôt paralysées, et on peut les prendre à la main, pour peu qu'on soit un peu leste. »

Le second système a pour but la domestication du moineau. « On établit dans chaque ferme des couvoirs artificiels dans lesquels on recueille les couvées de moineaux. Quand les petits sont sur le point de s'envoler on rogne leurs ailes. Les parents continuent à apporter à manger à leurs petits, et choisissent de préférence la nourriture animale. On aura le double avantage de voir les parents faire la chasse aux insectes, vers et chenilles, et les petits s'engraisser de cette nourriture substantielle. On aura donc des moineaux bien dodus, bons à mettre en fricassée ou même en rôti avec une bande de lard et une croûte de pain. »

Si donc les gouvernements ratifient les vœux des sociétés d'agriculture, le moineau aura vécu! Pour moi, je regretterai mes convives de chaque jour et je déplorerai la disparition de ces hôtes charmants de nos promenades parisiennes.

IL SERA PRINCE!

Je n'aurais jamais manqué, à l'époque des vacances, de me détourner un peu de ma route pour aller rendre visite à ma vieille bonne Gertrude. J'ai conservé pour cette excellente femme la plus tendre affection et je puis affirmer, en employant une expression dont on a cent fois abusé, qu'elle se serait jetée au feu pour les miens et pour moi.

Après être restée près de trente années auprès de ma mère, Gertrude avait souhaité retourner dans son pays, afin de remplacer dans son ménage une sœur devenue infirme.

J'allais tous les ans passer le mois de septembre en Lorraine et je m'arrêtais quelques journées à Étain, où habitait Gertrude. L'an dernier, accompagné de ma femme et de mon petit Lucien, j'allai lui rendre visite.

Mon affection pour Gertrude ne m'empêchait pas de reconnaître et souvent de plaisanter les petits travers de cette excellente femme. Quand j'étais tout petit, Gertrude se plaisait à me raconter les histoires les plus fantastiques, les plus surnaturelles, qu'elle acceptait elle-même avec la plus entière bonne foi.

Ce n'est pas la faute de ma vieille bonne si mon esprit n'a pas conservé certaines croyances superstitieuses qui sont une injure permanente faite à notre raison. Gertrude, mieux que personne, aurait dû cependant être désabusée. Une diseuse de bonne aventure lui avait prédit dans sa jeunesse qu'elle épouserait un seigneur riche et beau ; la pauvre femme avait attendu toute sa vie la réalisation de cette belle prophétie. Elle avait dédaigné les partis très convenables et quelquefois même inespérés qui s'étaient présentés pour elle. Gertrude était belle, dans la floraison de sa vingtième année, et il ne lui aurait manqué pour devenir une heureuse ménagère que d'oublier la malheureuse prédiction d'une sorcière malfaisante.

Comme le héron dont nous parle le fabuliste, Gertrude faisait la difficile :

> Moi, héron! que je mange une aussi pauvre chère!
> Et pour qui me prend-on?

« Que je renonce à la fortune qui m'est promise, murmurait Gertrude, ce serait folie! »

Les années vinrent; Gertrude ne voulut pas, comme l'animal au long bec de la fable, se contenter « d'un limaçon ». Elle resta fille et j'ajouterai, au risque de vous faire sourire, que, la vieillesse venue, elle attendait encore l'arrivée du prince charmant!

Fidèle à ses croyances superstitieuses, Gertrude n'aurait pas manqué, chaque mois, de se rendre chez une voisine habile dans l'art de manier les cartes et de prédire l'avenir. Gertrude avait la foi la plus absolue dans les jongleries des somnambules, tireuses de cartes et autres charlatans, qui abusaient de sa crédulité et lui soutiraient peu à peu ses maigres économies.

Quand j'étais tout petit et malade, ma mère devait veiller avec un soin extrême aux agissements de Gertrude qui, dédaigneuse des remèdes des médecins, me faisait avaler en cachette les drogues les plus invraisemblables, imaginées par sa tireuse de cartes. Fort heureusement pour moi, ces drogues étaient inoffensives! Ce qui n'empêchait pas Gertrude de s'attribuer ou plutôt d'attribuer à ses potions fantastiques tout le mérite de ma guérison.

Ni les raisonnements de ma mère, ni les espérances déçues de la pauvre fille ne parvinrent à ébranler sa confiance; elle serait certainement morte dans l'impénitence finale, en ce qui concerne cette foi absolue aux sorciers, sans un événement de faible importance dont mon jeune fils fut le héros inconscient.

Le lendemain de mon arrivée à Étain, encore fatigué du voyage, je me levai plus tard que de coutume. Au moment d'entrer dans la vaste pièce qui servait tout à la fois de cuisine et de salle à manger, j'entendis ma vieille Gertrude qui sautait en poussant des exclamations de joie. « Prince! s'écriait-elle, prince! il sera prince! »

J'entr'ouvre la porte et j'aperçois Gertrude portant mon petit Lucien dans ses bras et s'écriant avec un accent des plus comiques : « Ce prince! voyez ce prince! bonjour, monsieur le prince! »

— Qu'y a-t-il donc, Gertrude, et d'où vient cette grande joie? »

Ma vieille bonne s'arrête, honteuse d'avoir été ainsi surprise. Ses joues se couvrent d'une légère rougeur; elle hésite à parler, puis tout à coup, prenant comme l'on dit son courage à deux mains : « Je viens de consulter, dit-elle, une dame fort respectable qui lit dans les cartes aussi couramment que dans un livre et dont la science est vraiment surprenante. Les *trèfles* et les *rois* se sont succédé dans le jeu de notre petit Lucien et l'excellente dame m'a affirmé, elle aurait juré au besoin, qu'il serait peut-être roi, mais à coup sûr prince.

— Ma bonne Gertrude, vous laisserez-vous donc toujours duper par ces imposteurs? N'avez-vous pas cent fois constaté leur ignorance? C'est votre crédulité qui fait toute la science de ces charlatans!

— J'avoue que j'ai souvent été trompée; mais cette fois je suis bien convaincue que ma diseuse de cartes dit vrai. Tout le village, au besoin, se porterait garant de sa sincérité et de son savoir-faire.

— Tout le village ne me paraît pas une autorité suffisante, ma bonne Gertrude, et, malgré l'opinion de « tout le village », je pense que vous avez affaire à une aventurière qui spécule sur le désir que chacun de nous possède de connaître l'avenir.

— Une aventurière, grand Dieu! une sainte et digne femme qui, la semaine passée, a sauvé le petit Thomas de convulsions terribles qui, sans elle, l'auraient fait périr! Demandez au grand Urbain comment il a retrouvé le voleur qui avait fait main basse

« Prince! il sera prince!... »

sur son poulailler. Demandez à la vieille Ursule si la nouvelle de la mort de sa tante ne lui avait pas été annoncée plus de huit jours à l'avance. Demandez...

— Je ne demanderai rien, ma bonne Gertrude; je vois bien que, pour vous détromper, il me faudra vous faire toucher du doigt l'imposture de cette femme. Je ne désespère pas d'y arriver et je consens à l'aller trouver avec vous.

— J'accepte, j'accepte, dit Gertrude; nous irons tous deux auprès d'elle, nous lui demanderons encore de prédire l'avenir de notre Lucien et vous reverrez les *trèfles* annoncer la fortune du cher petit. »

Sans perdre de temps, nous nous rendîmes chez la vieille sorcière. J'avais à peine eu le loisir de songer aux moyens que j'allais employer pour mettre à découvert la supercherie de la tireuse de cartes, lorsque Gertrude m'avertit que nous étions arrivés.

Après avoir cherché vainement la sonnette qui doit annoncer notre visite, je frappe trois coups discrets à la porte : personne ne répond. Je frappe un peu plus fort : aucun bruit à l'intérieur n'indique que notre appel a été entendu. Je me décide enfin à heurter violemment la porte. La tireuse de cartes vient ouvrir et s'excuse de nous avoir fait attendre.

« Ce sont les gamins du village, nous dit-elle, qui prennent un malin plaisir à me tourmenter. Voilà la troisième fois qu'ils arrachent cette sonnette.

— Que ne les corrigez-vous sévèrement ? dit Gertrude.

— Ah! reprend-elle, si je les connaissais, ils passeraient, je vous assure, un très mauvais moment. »

A ces mots, j'éclatai d'un fou rire. « Quoi!

m'écriai-je, vous ignorez les noms de ces enfants et vous prétendez lire dans le passé et dans l'avenir! Votre fourberie est-elle assez claire! Croirez-vous désormais, Gertrude, aux prophéties de cette sorcière qui ne parvient même pas à découvrir le nom de celui qui arrache sa sonnette! »

La tireuse de cartes resta atterrée sans pouvoir trouver un mot de réponse. Prise d'un violent accès de colère, elle saisit la porte et la ferma vivement sur nous.

Pendant quelques instants Gertrude, conservant son sérieux, parut embarrassée de sa contenance; il était clair qu'un violent combat se livrait dans son esprit. Tout à coup, n'y tenant plus, elle éclata de rire à son tour et s'écria : « Avez-vous vu la figure décontenancée de la vieille? jamais je ne croirai plus à ses prédictions mensongères! »

Ai-je complètement désabusé ma bonne Gertrude? Je ne saurais trop l'affirmer. Sa foi est bien ébranlée, mais la crédulité ne disparaît pas en un jour; j'estime cependant que le plus fort est fait.

De retour à la maison, Gertrude reprit mon petit Lucien dans ses bras pour l'endormir. Au lieu de lui chanter la chanson habituelle, elle lui fit le récit de notre visite du matin (récit auquel l'enfant ne comprenait rien à coup sûr) ; puis, interrompant tout à coup son histoire : « C'est égal, dit-elle, la sorcière a prédit que tu serais prince! »

CONCERTS DE CHATS

On voit au musée de Munich un très intéressant tableau du grand peintre flamand Téniers, qui représente un concert de chats et de singes. « Sur une table ronde recouverte d'un tapis, et dont les pieds sont en forme de dauphins, six chats, trois gros et trois petits, sont postés autour d'un cahier de musique et miaulent. Un hibou, perché sur le cahier, abaisse ses gros yeux ronds vers les chanteurs. Deux singes sont accroupis sur la droite, autour de la table : l'un souffle dans une énorme clarinette; l'autre prend des airs de dilettante. »

Cette amusante fantaisie a peut-être été inspirée à l'artiste par la réputation que certains auteurs ont faite aux chats d'être musiciens. Il m'avait semblé jusqu'ici que le miaulement des chats n'avait rien de bien précisément harmonieux, et je n'étais que médiocrement séduit par la voix des chanteurs qui ont « un chat dans le gosier ». Mais j'avais tort, sans doute, puisque des savants renommés pensent le contraire. « Les chats, disent-ils, sont avantageusement organisés pour la musique; ils sont capables de donner diverses modulations à leur voix et, dans l'expression des différentes passions qui les occupent, ils se servent de différents tons. » D'autres, brodant là-dessus, font remarquer qu'aucune nuance musicale ne leur est inconnue « depuis le ronron en pédale jusqu'au fortissimo le plus aigu, en passant par toutes les transitions notées sur la musique des maîtres ».

Pour moi, ennemi né des chats, j'avoue très humblement que leurs miaulements me fatiguent et me

Concert de chat.

procurent les impressions vives, mais désagréables, que j'ai ressenties en entendant l'ouverture de l'opéra « les Maîtres chanteurs » de Richard Wagner. Les amis des chats, je les appelle *chatophiles*, ressentent la même impression, mais ils l'expliquent d'une manière originale. « Il est probable, dit l'un d'eux, presque certain, que ces dissonances qui nous agacent (il l'avoue!!) sont de réelles beautés (??), qui, faute d'une intelligence musicale suffisamment développée, nous échappent. Peut-être est-ce la musique de l'avenir, peut-être celle du passé, dans les temps antéhistoriques, alors que probablement la délicatesse des organes humains était développée sur une échelle différente. » Enfin, car il faut nous borner, un ami des chats va jusqu'à affirmer que « l'organisation musicale du chat persiste jusqu'après sa mort », et pour le prouver il rappelle que c'est avec les boyaux de chats que l'on fabrique les meilleures chanterelles, ces cordes à violon sonores entre toutes!!

Pendant une partie du moyen âge, les concerts d'animaux furent à la mode : concerts d'oiseaux, de dindons, de pourceaux, de singes, de chiens, d'ours... On n'eut garde d'oublier les concerts de chats. Il ne s'agissait pas, vous le comprenez, d'exhiber des animaux savants, dressés pour le chant. On se bornait à leur faire pousser des cris en les frappant ou en les effrayant.

Un des plus curieux de ces concerts d'animaux fut celui donné en 1549, à Bruxelles, le jour de l'Ascension, en l'honneur d'une image miraculeuse de la Vierge. « Les instruments étaient une vingtaine de chats et une dizaine de pourceaux; le musicien était un ours qu'on avait dressé à cet exercice.

« Ces animaux étaient logés dans des espèces de boîtes superposées, la queue de chacun d'eux sortait par une petite ouverture et était reliée par une ficelle à une touche d'un large clavier. Chaque fois que l'ours gravement assis devant cet orgue d'un nouveau genre, posait sa lourde patte sur une touche, la douleur faisait pousser au chat ou au porc correspondant d'effroyables cris qui ne cessaient que quand la touche se relevait. Il résultait de ce jeu barbare une horrible cacophonie, qui amusait énormément les spectateurs. »

Les orchestres de chats ont été employés comme moyens curatifs. Les historiens du temps rapportent que « le fou de l'empereur Sigismond réussit à guérir son maître d'une noire mélancolie en jouant devant lui d'un orgue formé de chats rangés par gammes ».

Notre siècle a vu un orchestre de chats qui était exhibé vers 1803 dans l'ancien théâtre de la cité.

Tout récemment, à la dernière exposition de chats de Philadelphie, un industriel a voulu donner au public un spécimen des anciens concerts de chats. Malheureusement, ou plutôt heureusement, la Société protectrice des animaux a réussi à faire interdire cette exhibition.

L'AIEUL

Doucement bercé, l'enfant vient de s'endormir dans les bras de l'aïeul. Pendant quelques instants encore le vieillard continue sa plaintive chanson :

Si j'étais petit oiseau,
Si j'avais des ailes;
Oh! comme je serais vite auprès de toi!
Mais je ne suis pas un oiseau,
Mais je n'ai pas d'ailes,
Et je suis loin, bien loin de toi!

Ce triste chant convient admirablement à la douleur du vieux grand-père. Sa pensée, dont les ailes sont plus rapides que celles de l'oiseau, a franchi le seuil de sa demeure modeste; elle est auprès de ces êtres animés qui l'ont quitté avant l'heure, en lui laissant ce pauvre chérubin.

La chanson expire sur les lèvres de l'aïeul; ses doigts tremblants interrompent un instant le mouvement régulier des aiguilles qui tricotent.

Si j'étais petit oiseau,
Si j'avais des ailes.......

Un sourire vient d'éclairer, pendant son sommeil, le visage du petit enfant; le vieillard aperçoit ce sourire et, comme si son petit-fils pouvait l'entendre et le comprendre, c'est à lui qu'il adresse ses plaintes amères : « Tu grandiras, pauvre enfant, et l'amour d'une mère n'entourera pas tes jeunes années; un père, dont tu serais l'orgueil, ne te guidera pas dans les rudes sentiers de la vie; tu n'apprendras que trop tôt tout ce que contient de tristesses et de souffrances ce simple mot : orphelin. Ma vieillesse qui pleure est, hélas! moins triste que ta jeunesse qui sourit. J'ai vécu trop longtemps; bientôt le triste fardeau de la vie me sera retiré. Mais toi, que deviendras-tu?

« Je berçais ainsi ton père et mes pensées alors étaient riantes et joyeuses. C'est dans cette même chambre que je disputais jadis à ma femme bien-aimée le précieux fardeau qu'elle voulait garder sur ses genoux. Le doux blondin passait de ses bras dans les miens et, comme aujourd'hui, je laissais errer ma pensée. Mais je faisais alors des rêves de bonheur! Pendant que je contemplais le beau visage de mon fils, auquel ton visage, enfant, ressemble à s'y méprendre, pendant que je faisais mille projets d'avenir, je sentais une main presser doucement la mienne et ma Ketty, lisant dans mes yeux, répétait tout haut mes pensées :

« — Il sera beau, il sera brave; notre Frantz sera notre orgueil. C'est sur son bras, devenu fort, alors que nos bras auront perdu leur vigueur, que nous appuierons notre vieillesse. C'est dans ses enfants que nous nous sentirons revivre, alors que les années auront courbé notre front.

L'enfant vient de s'endormir.

« Notre Frantz a grandi et a justifié toutes nos espérances. Mais, hélas ! au milieu de notre bonheur, la mort est entrée et m'a enlevé la fidèle compagne de ma vie. Ma Ketty s'est envolée un triste soir d'hiver, en me montrant notre Frantz endormi, comme pour me rappeler quel devait être désormais le but unique de ma vie. Et moi, sachant qu'elle allait auprès des anges du Seigneur, je lui ai demandé de veiller sur nous. Et je suis devenu la mère de mon fils et, soutenu par le souvenir de ma Ketty, j'ai essayé de la remplacer au foyer désert...

« Frantz est devenu grand ; jamais un cœur plus fier n'accompagna une âme meilleure. Et mon foyer s'est un jour repeuplé. Un jour, est entrée dans cette demeure la compagne que mon fils avait choisie : c'était ta mère, petit enfant. Ce jour-là, j'ai cru que ma tâche était terminée et j'ai attendu le moment de rejoindre ma Ketty pour lui dire : « Femme, es-tu contente de moi ? » Dieu voulait cependant m'éprouver encore.

« On parla de batailles ; notre Alsace était envahie : on enrégimenta nos enfants. Personne chez nous ne savait au juste pourquoi l'on se battait : rivalité de souverains, paraît-il. On dit pourtant que ces rois ont des enfants !

« Mon Frantz partit à la ville voisine ; nous entendions d'ici le bruit du canon. Pendant qu'il faisait son devoir, ta mère, pauvre petit, nous quittait pour toujours en te laissant entre mes bras.

« Mon Frantz n'est pas revenu. Il dort sans doute, là-bas, couché sous la terre humide ; son âme vaillante a rejoint nos anges envolés.

« Je reste seul avec toi, pauvre petit, et je ne demande plus au ciel d'abréger ma triste existence. J'ai une tâche à remplir. Dieu, qui m'impose de nouveaux devoirs, me donnera de nouvelles forces; ma Ketty veillera sur nous! Un jour tu me fermeras les yeux et, tandis que tu commenceras ici-bas le rude apprentissage de la vie, j'irai rejoindre tous ceux que j'aimais. Ils me pardonneront mes défaillances et mes heures de découragement, car je n'ai jamais douté de la bonté de Dieu et j'ai accepté sans murmurer ses arrêts. »

Ces paroles étaient à peine prononcées que la porte s'ouvrit brusquement. Le vieillard se retourne et aperçoit un soldat dont il reconnaît bien vite le visage.

C'est Frantz, c'est son fils adoré, qui revient d'une longue et cruelle captivité. Le vieillard a cette suprême joie de presser sur sa poitrine son fils échappé à la mort et de lui confier le petit être endormi dans son berceau.

Comme s'il n'eût attendu que le moment d'être relevé de sa céleste mission, l'aïeul, tranquille désormais sur l'avenir de son petit-fils, consentit à mourir.

Il montra l'enfant endormi à son Frantz éploré, murmura une fois encore la triste chanson :

Si j'étais oiseau,
Si j'avais des ailes!

puis s'éteignit doucement.

LE MERLE BLANC

Le prince Triste était l'unique héritier du grand roi Fortuné, chef du puissant empire d'Olympie. On chercherait en vain sur les mappemondes les plus complètes la place où se trouve cet immense royaume. Je pourrais, il est vrai, combler cette grave lacune et doter la science géographique des renseignements les plus curieux... si je n'avais malheureusement juré de ne point révéler l'endroit où vit cet admirable peuple dont la richesse pourrait tenter l'avidité d'un conquérant

Triste avait vingt ans. Jamais on ne put admirer une plus charmante figure. D'épais cheveux blonds dorés encadraient un visage de l'ovale le plus parfait. Les yeux, d'un bleu céleste, avaient une inexprimable douceur.

Grand, svelte, bien pris de sa personne, Triste était le cavalier le plus accompli qu'on eût jamais aperçu. Riche, héritier présomptif d'un trône puissant, ce qui ne gâte jamais rien, le prince Triste était en outre aussi bon qu'il était beau. Hâtons-nous de conclure que si jamais un homme dût être heureux, à coup sûr ce devait être celui-là!

Hélas! malgré toutes les perfections de son corps et de son esprit, malgré sa richesse, malgré sa puissance, l'infortuné prince n'était pas heureux. Le peuple, qui le chérissait et souffrait de le voir chaque jour dépérir, l'appelait le prince Triste.

En proie à la plus noire mélancolie, le prince errait tout le jour dans lès champs, dans les bois, insensible aux beautés que la nature a prodiguées à cette merveilleuse contrée. Rien n'attirait son regard, rien ne l'intéressait, rien ne faisait battre son cœur.

Le roi Fortuné et la charmante Callista, sa femme, s'attristaient de la tristesse de leur fils, souffraient de sa souffrance, se désolaient de sa douleur. Etre roi! être tout-puissant! répandre autour de soi les bienfaits, donner la joie et le bonheur à ses sujets, et ne pouvoir chasser du cœur de son fils le chagrin qui le ronge!

En vain les savants les plus célèbres furent convoqués au palais du roi; en vain les drogues les plus étranges furent administrées au jeune prince qui se prêtait avec insouciance à toutes ces tentatives; la tristesse du jeune homme augmentait chaque jour.

Un sorcier fut consulté. Quoi! un sorcier! mais il n'en existe pas. Il n'en restait qu'un seul, le dernier, et il habitait précisément le fortuné royaume d'Olympie. Après avoir, selon l'usage des sorciers, brûlé de certaines herbes cueillies à certains jours et jeté les cendres dans une certaine direction; après avoir consulté le ciel, la terre, les eaux et bien d'autres choses encore; après avoir saisi de la

En vain les savants les plus célèbres furent consultés.

6

main gauche une couple de poulets et les avoir fait tourner autour de sa tête en criant par trois fois « *kaporo, kaporo, kaporo* », le sorcier parla en ces termes :

« A la naissance du jeune prince, les fées, ses marraines, lui donnèrent toutes les qualités qu'on peut rencontrer dans une créature humaine.

— Il sera beau, avait dit la fée des airs.

— Il sera bon, avait ajouté la fée des eaux.

— Il sera brave, loyal, puissant, riche, dirent successivement les fées des bruyères, des buissons, des moissons et des montagnes.

« Les baguettes invisibles de mesdames les fées étaient tendues vers le berceau du jeune enfant, quand la fée Rageuse s'avançant s'écria : « Il sera triste! »

« Voilà, noble et puissant roi, la cause du mal qui mine l'existence de votre très malheureux fils. »

Le roi Fortuné n'avait qu'une médiocre confiance dans la vertu surnaturelle des fées; cependant l'assurance du sorcier le frappa.

« N'existe-t-il aucun moyen, lui dit-il, de détruire le mauvais sort que la fée Rageuse a jeté sur mon fils? A quoi me servirait-il de connaître l'origine du mal dont il souffre si je ne puis le faire disparaître? Mes trésors sont à toi si tu parviens à chasser le noir esprit qui trouble l'âme de mon enfant.

— Calme tes craintes, grand roi; ne t'abandonne pas au désespoir. Ton fils peut encore être heureux; le sourire peut renaître sur ses lèvres, la joie peut encore briller dans ses yeux...

— Que faut-il faire? Parle. Je quitterai, s'il le faut, ce trône sur lequel se sont assis mes ancêtres : je me dépouillerai de mes vêtements royaux; j'abandonnerai mes richesses et j'irai vivre du travail de mes mains comme le plus humble de mes sujets. Est-ce là le prix du bonheur de mon fils?

— Non, grand roi. Il n'est pas en ton pouvoir de rendre le calme et le bonheur au jeune prince. Lui-même saura les conquérir. Permets à ton fils de quitter tes États; il ira chercher le talisman qui doit éloigner la sombre tristesse dont son âme est remplie.

— Ce talisman, quel est-il?

— Ton fils trouvera le bonheur lorsqu'il aura découvert le merle blanc! »

⁂

Tous les savants du royaume d'Olympie sont réunis dans le palais du roi.

Le grand chef du jardin zoologique expose l'état actuel des connaissances scientifiques relatives à l'histoire générale des oiseaux et à celle des merles en particulier. La conférence est un peu longue, l'orateur ayant cru devoir passer en revue, sans faire grâce d'un détail, toutes les opinions émises jusqu'à ce jour sur les mœurs et les coutumes de ces oiseaux ainsi que sur les localités qu'ils préfèrent.

« Mais, s'écrie le roi Fortuné, fatigué de ce bavardage, le merle blanc existe-t-il, et dans ce cas où peut-on le trouver? »

L'orateur, visiblement troublé, perd le fil de son discours et, interrompant sa dissertation savante, explique l'origine des proverbes dans lesquels les merles jouent un rôle. C'est plaisir vraiment que de l'entendre raisonner sur ces expressions : *Vilain merle*, qu'on adresse à une personne laide ou désagréable; *faute de grives on mange des merles*, ce qui veut dire en bon olympien qu'il faut aimer ce que l'on a, quand on n'a pas ce que l'on aime; *fin merle*, qui s'applique à une personne rusée; etc., etc...

— Et le merle blanc! s'écrie le roi dont la patience est mise à une rude épreuve. Voyons, monsieur le doyen de notre faculté, pouvez-vous nous mieux renseigner?

— Grand roi, dit le doyen, ce que j'aime par-dessus toutes choses ce sont les faits et non les mots; il ne suffit pas de beaucoup parler, il faut parler bien : *non multa, sed multum*, comme disait un illustre Latin dont j'ai oublié le nom. Voici le résumé clair, succinct quoique complet et, si j'osais m'exprimer ainsi, très exact, des travaux d'un de nos grands savants sur cette matière. Cet homme éminent, qui a honoré non seulement l'Olympie, mais, si je puis dire, l'humanité tout entière, a divisé la famille des merles en sept sections. Sans m'arrêter un seul instant à ce nombre fatidique *sept* dont toutes les philosophies ont vanté l'excellence, sans m'attarder à une discussion dans laquelle mon savant collègue de la faculté littéraire, ici présent, ferait briller du plus vif éclat son esprit fin, délié, expert au plus haut point, tel en un mot qu'on a pu dire avec raison que quelques-uns pouvaient l'égaler, mais non le surpasser...

— Mais, monsieur le doyen...

— Allant droit au fait, je rappellerai que ces sept sections comprennent : 1° Les merles proprement dits; 2° les pétrocincles; 3° les moqueurs; 4° les stournes; 5° les turdoïdes...

— Mais, savant professeur, dit le roi, il s'agit simplement du merle blanc; dans quelle section le placez-vous?

— Le merle blanc n'appartient point, Sire, à la section des *pétrocincles*, dans laquelle nous voyons figurer le merle bleu, le merle de roche, le petit merle... Il ne fait point partie des *moqueurs*, parmi lesquels l'illustre savant auquel je fais de nombreux emprunts place le moqueur polyglotte, le cendré, le livide... Il ne se trouve pas parmi les stournes, les turdoïdes ou les grallines... Je pourrais sans doute multiplier ces exemples si je ne préférais, allant droit au but, vous apprendre que le merle blanc pourrait être classé dans la section des *merles* proprement dits.

— Le merle blanc existe donc?

— Si le merle blanc existait, répliqua le savant, il prendrait certainement place à côté du merle commun d'Europe, noir à bec jaune; à côté du merle à plastron noir, avec une tache blanche sur la poitrine; à côté du merle blafard, du merle à gorge noire, du merle à sourcils blancs... mais la vérité m'oblige à reconnaître qu'on ignore si le merle blanc existe.

« Je sais, grand roi, que ma conclusion peut répandre la tristesse sur votre front, mais j'ai dû parler avec sincérité, suivant le précepte de ce philosophe dont le nom m'échappe : « *Amicus Plato, sed magis amica veritas* » ; ami de Platon, mais surtout ami de la vérité.

— Quoi ! s'écria l'infortuné roi, personne ne pourra donc me donner un renseignement utile?

— J'essayerai, Sire, de calmer vos craintes, dit l'un des assistants, renommé par sa sagesse et par sa vertu au moins autant que par sa science. Les paroles du sorcier doivent avoir un sens caché que je ne puis pénétrer pour l'instant, mais elles m'inspirent la plus grande confiance. Laissez votre fils courir vos États : je suis convaincu que le succès couronnera ses efforts.

« Si d'ailleurs, ce que je ne crois pas, les paroles du sorcier devaient être prises à la lettre, j'augurerais encore favorablement du succès. Il existe en effet des merles blancs. Un voyageur dont on ne doit pas suspecter la bonne foi affirme qu'il a vu des merles blancs au mont Cyllène, en Arcadie. Je cite textuellement ses paroles : « Une des merveilles du mont Cyllène, c'est qu'on y voit souvent des merles qui sont tout blancs. Pour des aigles blancs, j'en ai vu au mont Sipyle, près d'un marais nommé le marais de Tantale. Des sangliers et des ours blancs, c'est chose si commune en Thrace que des particuliers même en ont chez eux; en Libye, on nourrit des lapins blancs, comme on nourrit ailleurs de la volaille... J'ai voulu rapporter tous ces exemples afin que l'on ne croie pas que j'en impose quand je dis qu'il y a des merles blancs au mont Cyllène. »

— Que mon fils parte sans tarder! s'écria Fortuné. Et toi, savant philosophe, dont les paroles bénies ont ranimé mon cœur, tu resteras auprès de moi. Je veux que mon fils, à son retour, reçoive tes précieuses leçons. Je crois, comme tu l'as dit, qu'un sens mystérieux est caché sous les paroles de l'oracle; mais, fallût-il les considérer comme vraies, tes explications nous ont appris que ce n'était pas en vain que mon fils irait à la recherche du merle au blanc plumage. Messieurs, vous pouvez vous retirer. »

∴

Depuis de longs mois le prince Triste a quitté le palais de son père. Toujours en proie à la plus sombre mélancolie, le malheureux jeune homme voit ses forces et son courage diminuer chaque jour. Les spectacles les plus merveilleux n'ont obtenu de lui qu'une attention distraite. C'est en vain que la nature a étalé devant ses yeux toutes les magnificences qu'elle a prodiguées à cette bienheureuse Olympie : aucun cri d'admiration n'a jailli de son cœur. Vingt fois Triste a hasardé sa vie, soit en affrontant les colères de l'Océan, soit en gravissant les monts les plus escarpés... aucune émotion ne l'a fait tressaillir. Sans doute, le prince a la plus tendre affection pour le roi son père et pour la douce Callista sa mère, il voudrait les revoir... et cependant il ne songe point au retour : à quoi servirait en effet de redoubler le chagrin de ces êtres si chers en leur montrant le même visage pâli, le même front soucieux! Et le jeune homme continue sa route, perdant de plus en plus l'espoir de sa guérison.

La journée a été brûlante; le voyageur fatigué s'est assis à l'ombre d'un vert platane. C'est l'heure où la nature semble se recueillir, heure bénie où le travailleur des champs et l'ouvrier des villes, quittant le dur labeur de la journée, regagnent la modeste demeure où l'attendent une femme et des enfants aimés. C'est l'heure du repos vaillamment gagné. La pensée du jeune homme s'envole vers les êtres si chers qui attendent impatiemment son retour; pourquoi faut-il, hélas! que ce retour ne puisse leur rendre la joie? « Suis-je donc condamné, s'écrie le malheureux prince, à faire le désespoir de ceux qui m'aiment? N'est-ce point assez que ma vie s'écoule inutile pour les autres et pour moi? Ne vaudrait-il pas mieux cent fois terminer volontairement une existence désormais sans but... »

Ces mots étaient à peine prononcés qu'un léger bruit vint tirer le prince de sa triste rêverie. Il aperçut à quelques pas de lui une blonde jeune fille qui, la cruche à la main, se rendait à une source voisine. Le maintien gracieux et modeste de cette jeune fille, la limpidité de son doux regard fixèrent l'attention du prince. Il la suivit des yeux et la vit s'arrêter auprès de la source et remplir le vase qu'elle avait apporté. Triste s'approcha, salua la blonde enfant, et lui dit qu'égaré dans ces bois il la priait de lui indiquer le chemin qui conduit au plus voisin village.

« — S'il vous plaît de m'accompagner, répondit la jeune fille, vous atteindrez dans quelques minutes les premières maisons du village et vous trouverez facilement place à une table modeste, mais hospitalière. »

Les deux jeunes gens se mirent en marche. Triste, interrogé, n'osa avouer ni sa naissance royale, ni le but de son voyage. « Je m'appelle Sincère, dit-il; je suis étudiant et j'ai mis à profit quelques semaines de liberté pour visiter votre admirable pays; de retour dans ma famille, établie à Olympie, je conserverai éternellement le souvenir des merveilleux spectacles qui ont charmé mes yeux et de l'accueil fraternel que j'ai trouvé dans les plus humbles chaumières.

« — Je m'appelle Sylvia, dit à son tour la jeune fille, j'habite avec ma mère et mes trois jeunes frères la plus modeste maison du village. Mon père fut un des fidèles serviteurs de notre roi; il ne nous a laissé en mourant que le souvenir de ses vertus et l'exemple d'une vie consacrée tout entière au devoir et à l'honneur. »

La route est courte et bientôt franchie. Voici les premières maisons du village; voici l'habitation de Sylvia. Triste a accepté l'hospitalité qu'on lui a simplement offerte.

Les jours succèdent aux jours et le jeune homme revient chaque soir prendre place à la table de Sylvia. Un changement inexplicable s'est opéré dans son âme. Tout le jour, sous prétexte de poursuivre ses travaux, le jeune homme erre à l'aventure, l'esprit inquiet, le cœur troublé. A peine la nuit venue, en même temps qu'il regagne la petite maison où l'attendent des cœurs simples et amis, le voile de tristesse qui l'enveloppe se déchire.

Quel calme délicieux! quelle paix profonde dans cette humble chaumière! La grande sœur est l'âme de cette maison. Avec quelle tendresse elle épie les moindres désirs de sa mère, afin de les satisfaire! Avec quelle sollicitude maternelle elle surveille les jeunes enfants!

Ce n'est point assez pour Sylvia d'assurer à sa mère une heureuse vieillesse, d'élever ses jeunes frères, de conduire la maison en personne sage et avisée; n'existe-il point des gens qui souffrent, des mères en deuil, de pauvres orphelins? Hélas! même dans le fortuné royaume d'Olympie, les mères quittent trop tôt leurs enfants, les petits abandonnent trop tôt le nid maternel! Sylvia est la providence de ceux qui souffrent, la mère des orphelins, l'appui des vieillards sans famille.

Triste voudrait finir ses jours aux côtés de cette aimable enfant; un charme tout-puissant l'attire et le retient dans cette humble demeure. Il partira cependant, car il ne veut pas que la fatalité qui pèse sur sa vie rejaillisse sur sa blonde amie. Quel triste hommage que celui d'un cœur désespéré!

*
* *

Le prince est de retour dans sa royale famille. Son père Fortuné et sa mère Callista constatent avec douleur que l'absence n'a pu conjurer le mauvais sort de la détestable fée. Quinze jours se sont écoulés depuis que le jeune homme est revenu au palais du roi; une fièvre lente le consume.

Auprès du lit où repose son pauvre enfant, Callista veille depuis plusieurs nuits, adressant au ciel les plus ardentes prières. Une nuit, au moment où la reine contemplait son enfant endormi, elle vit une faible rougeur couvrir le visage décoloré du prince. Elle s'approche; un sourire vient d'errer sur les lèvres du jeune homme, sa bouche s'entr'ouvre et deux fois murmure le même nom : « Sylvia! Sylvia! »

Triste s'éveille.

« Quel est donc, cher enfant, le nom que tes lèvres prononcent sans cesse lorsque la fièvre t'accable?

— Sylvia est une humble fille, ma mère, mais jamais princesse n'eut une figure plus douce, une âme plus noble, un cœur plus généreux. Dès que je la vis, j'ai cru que le bonheur allait enfin me sourire; j'ai dû la fuir cependant, n'osant faire partager mon mauvais destin à cette chère créature. Son souvenir me poursuit sans cesse et je suis bien sûr que, si jamais mon âme doit retrouver le calme, c'est auprès de Sylvia qu'il me faudra le chercher. »

*
* *

Les cloches du village sonnent à toute volée; elles annoncent le mariage de la douce et charmante Sylvia avec l'héritier du trône d'Olympie. La blonde fiancée sourit à son royal époux dont le visage porte l'empreinte du bonheur le plus pur. Fortuné et Callista sentent leur cœur déborder de joie en contemplant leur fils heureux et transfiguré.

Dans quelques instants le cortège nuptial va se mettre en marche. Au milieu des officiers royaux, parmi les plus hauts dignitaires, se tient modestement un vieillard courbé par l'âge dont la vue frappe le roi.

« Eh bien! savant sorcier, s'écrie le roi Fortuné, tes oracles ont menti. Que parlais-tu de la découverte d'oiseau fantastique? Mon fils est heureux en dépit de tes prédictions. »

A ce moment s'avance une députation des notables du village, portant sur un coussin de velours un livre merveilleusement orné. Le premier magistrat se présente tête nue devant le roi, met un genou à terre et s'exprime en ces termes :

« Grand roi, l'honneur de ma vie sera d'avoir consacré l'union du puissant prince, votre fils, avec la céleste créature que son cœur a choisie. Voici l'acte qui constate cette union, nous le conserverons pieusement dans nos archives. Veuillez, grand roi, apposer votre signature à côté de la mienne. »

Le roi Fortuné prend la plume d'or qu'on lui présente et s'apprête à inscrire son nom quand ses yeux sont frappés par la signature que le magistrat a tracée au-dessous de l'acte de mariage. Cette signature est ainsi formulée :

Le maire,

LEBLANC.

« Grand roi, s'écrie le sorcier, les oracles ne sauraient jamais tromper ceux qui se fient à leur parole. Ton fils devait trouver le bonheur dès qu'il aurait découvert le merle blanc : ce bonheur naîtra de son mariage auquel le premier magistrat de ce village a présidé. »

TABLE DES MATIÈRES

Coulommiers. — Imp. Paul BRODARD.

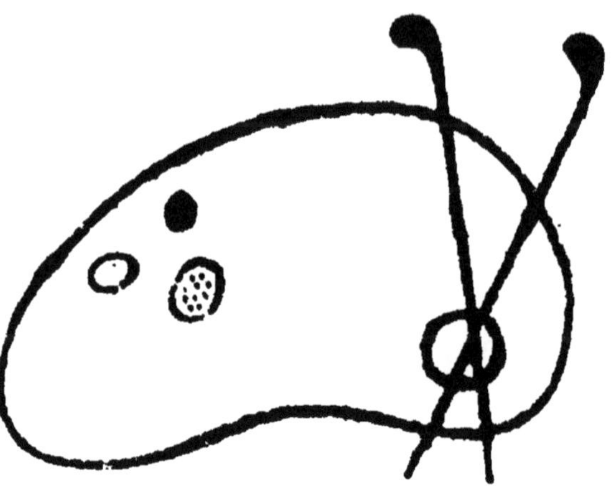

Début d'une série de documents
en couleur

Fin d'une série de documents
en couleur

www.ingramcontent.com/pod-product-compliance
Ingram Content Group UK Ltd.
Pitfield, Milton Keynes, MK11 3LW, UK
UKHW021229230726
13926UKWH00003B/1324

9 782013 567916